人本城市

——欧洲城市更新理论与实践

[丹] 卡斯滕·波尔松　著

魏　巍　赵书艺　王忠杰　冯　晶　岳　超　译

中国建筑工业出版社

著作权合同登记图字：01-2020-3939号

图书在版编目（CIP）数据

人本城市：欧洲城市更新理论与实践 /（丹）卡斯滕·波尔松著；魏巍等译 . 北京：中国建筑工业出版社，2020.9

书名原文：Public Spaces and Urbanity : How to Design Humane Cities

ISBN 978-7-112-25428-6

Ⅰ. ①人… Ⅱ. ①卡… ②魏… Ⅲ. ①旧城改造—研究—欧洲 Ⅳ. ①TU984.5

中国版本图书馆CIP数据核字（2020）第170986号

责任编辑：段 宁 姚丹宁
责任校对：张惠雯

人本城市——欧洲城市更新理论与实践

[丹]卡斯滕 · 波尔松 著
魏 巍 赵书艺 王忠杰 冯 晶 岳 超 译
*
中国建筑工业出版社出版、发行（北京海淀三里河路9号）
各地新华书店、建筑书店经销
北京点击世代文化传媒有限公司制版
深圳市泰和精品印刷厂印刷
*
开本：889 毫米 ×1194 毫米 1/20 印张：$13\frac{3}{5}$ 字数：415 千字
2021 年 1 月第一版 2021 年 1 月第一次印刷
定价：149.00 元
ISBN 978-7-112-25428-6
（35909）

KARSTEN PÅLSSON, ARCHITECT, MAA　卡斯滕·波尔松　建筑师

卡斯滕·波尔松做了35年的建筑师，最初为地区政府、市政府和地方政府作规划。在过去的30年里，他成立了自己的建筑设计公司，专注于城市的再发展、填充、复原、规划以及住宅区和建筑物的改造。卡斯滕·波尔松的工作还具有国际化属性，主要是与拉美国家进行教学合作，以及在丹麦科技大学为国际学生讲授城市更新和现代化技术课程。

前　言

城市更新

这本书是关于城市更新，追溯和仰视历史建筑传统，以及人性化在新建筑中体现的著作。本书从欧洲传统的密集经典城市出发，重点关注城市间的自然和空间关系、发展模式、参与原则，以及公共街道和广场连接等，使城市生活更加丰富的环境要素。

城市必须为良好、安全的生活提供支撑和便利，人们可以在公共场所聚会，这为建立一个充满活力和宽容的民主社会提供了基础。

从孤立的公寓建筑，向协调性高、符合人们需要的欧式城市社区转变，并不能理所当然地被全世界其他地方所接受。汽车、摩天大楼、封闭社区和购物中心主导了许多大城市的发展，但是这种发展方式缺乏人们交往所需的城市空间。以欧洲传统城市为例，这本书被看作是一本专业的“指导手册”，为城市向人性化发展提供了改造案例。

本书的案例来自欧洲一些主要城市，按照历史纲要，回顾了城市化的发展。本书的章节按照工具导向性出行主题撰写，以此帮助城市规划者和建筑师更好的使用，并将其与他们各自面临的挑战联系起来。

欧洲的城市化体现在共享的、明确的和感性的城市空间中。本书的案例展示了欧洲城市是如何捍卫他们珍贵的文化遗产。我希望这些案例能激发世界上其他大城市，努力把自己的文化融入当代的城市建设中，发挥人本城市的作用。

卡斯滕·波尔松

2016年于哥本哈根

目　录

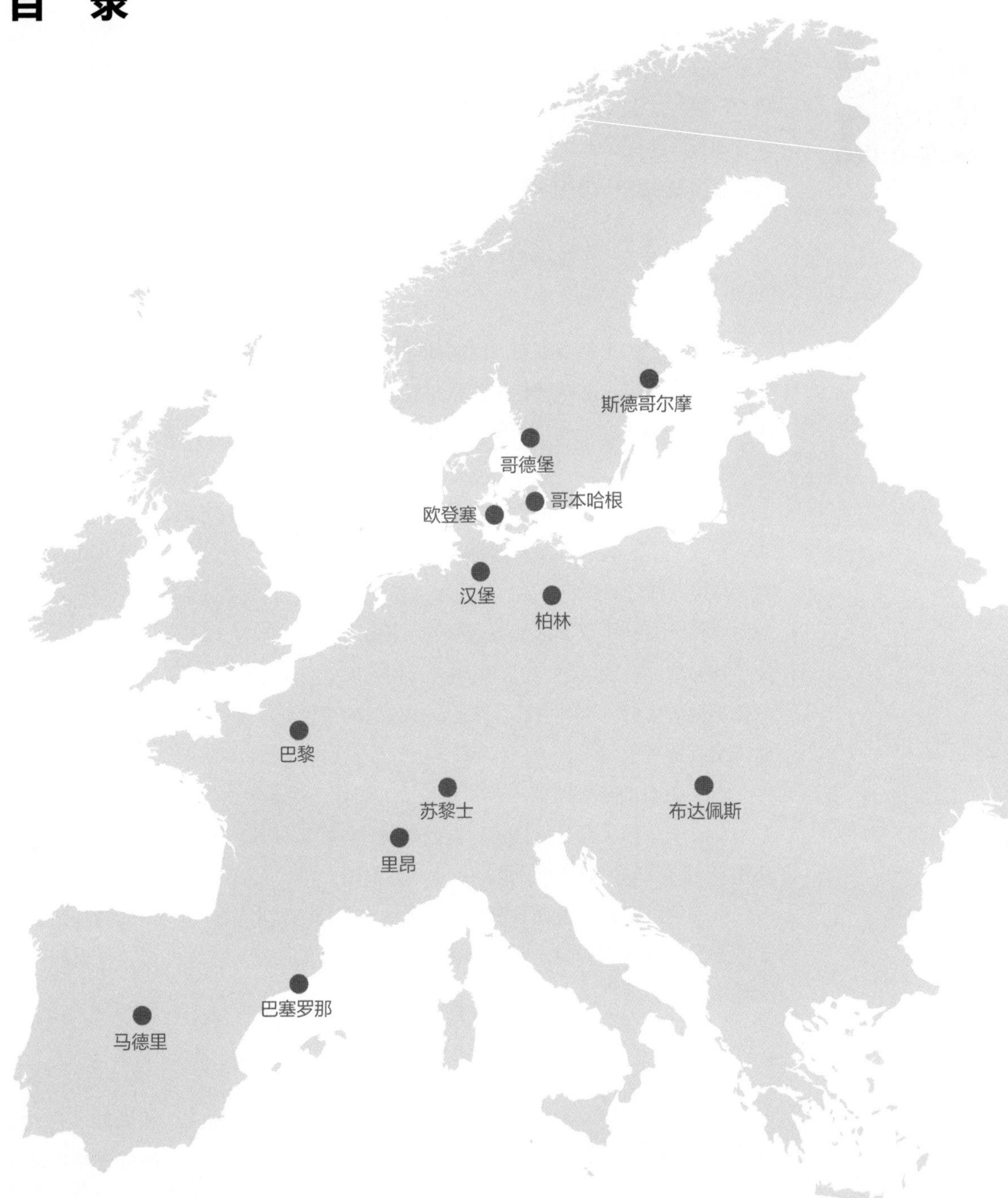

中文版
序一

“人本”思想在欧洲由来已久，然而现实中往往难以落实。这是一部关于如何设计人性化城市的指导手册，其内容由一个个欧洲城市更新的典型案例构成。

丹麦的城市规划一直以来都有其自身的特色和创新，我们耳闻能详的是哥本哈根的指状规划。“人本城市”的营造需要经历长期、系统、周密、细致的规划设计。进入城镇化中期发展阶段的我国，宜开始重视人性化的高品质空间的设计。

作者卡尔斯滕·波尔松（KARSTEN PÅLSSON）是一位专注于城市发展和改造的建筑师。他将35年的设计工作和教学经验整理成《人本城市》一书，书中简要回顾了欧洲城市更新的脉络，以10类相互联系的城市改造案例，记载了丹麦及其周边国家城市的更新与发展。

2020年是全球疫情严重的一年，也是我国迎来全新发展机遇的一年。以魏巍、赵书艺、王忠杰、冯晶、岳超五位同志为技术骨干的研究团队不辞辛苦地完成了国外学术著作的翻译。这种不断探索、坚持学术研究的作风值得鼓励和肯定。希望本书的出版能够增进中欧之间的友谊，也能够给我国广大青年设计师一些启发，在设计的细节中展现对人的关怀。

值此书即将出版之际，欣然为之作序。

中国工程院院士：邹德慈

2020年11月16日

中文版
序二

“自 1978 年以来，中国城镇化迅猛发展，取得了巨大的成绩。近年来，随着城镇化进程进入中后期，城市建设从过去追求“高速度”转向注重“高质量”。刚刚闭幕的党的第十九届五中全会及通过的《中共中央关于制定国民经济和社会发展第十四个五年规划和二〇三五年远景目标的建议》中提出了“推进以人为核心的新型城镇化。实施城市更新行动，推进城市生态修复、功能完善工程，统筹城市规划、建设、管理，合理确定城市规模、人口密度、空间结构，促进大中小城市和小城镇协调发展”等工作，进一步指明下一个五年乃至更长历史时期内我国城市建设的重点。2020 年起，国务院全面推进城镇老旧小区改造等一系列切实改善城乡人居环境的工作，我们目前既需要系统总结中国城市发展与建设的经验教训，也需要汲取国外优秀的规划设计理念与实践，以引导我国城市更新工作的健康发展，进而建立中国特色的更新理论与方法，这也是本书的出版的现实意义。

本书分为三个部分：第一部分简要提炼了欧洲经典城市规划理论的要点，包括古罗马军营式规划，文艺复兴时期关于秩序、对称和统一的理念，豪斯曼对巴黎的整修和改造，卡米洛・西特的理论，奥托・瓦格纳的实践，田园城市运动，克里斯托弗・亚历山大及凯文・林奇的著作等；第二部分将城市更新改造工作分解为 10 个主题，包括：历史城区改造、人口密度高地区的建筑拆除、填充性建造、城市区域改造、建筑改造、城市区域重建、直线型城市空间建设、城市中心改造、密集城市区域发展、现代主义城区密度提升；第三部分分别针对上述 10 个主题给予具体的案例解析，案例既有首都、大城市，也涵盖中小型城市，既有高端社区，也包括老旧小区、老市场改造，当中体现了延续地域文脉、保护历史建筑、提供优质的公共空间、激发年轻人创造力的共享空间等现阶段我国城市更新工作所面临的具体问题。

本书的译者是从业多年的规划师，这些年轻人时常有思想的碰撞与讨论，产生了共同翻译外文书籍的想法，这展现了新一代的规划师勤于思考、刻苦钻研的良好品质，是规划行业年轻人的一个缩影，只有把一点一滴的工作做好，不以事小而不为、不以暇少而不学，才能共同把城市规划事业向着更好的方向推进。

中国城市规划设计研究院院长：王凯

2020 年 11 月 15 日

欧洲城市发展和规划的趋势

插图：卡斯滕·波尔松

	有机城市发展 封闭城市空间	直线型城市规划图 无限视角
		希腊 / 罗马网格
	中世纪	
		文艺复兴
1850		
		豪斯曼主义
	卡米洛·西特	
1900	田园城市运动	
	城市美化运动	
1930		国际现代主义
		独立式高层建筑
		功能分离
1970	城市景观运动	
	新理性主义	
	新城市主义运动	
		开发建设者规划
2000		独立式塔
	层数低密度高建筑的混合	
	城市空间高度协调	

历史概述

在过去的 150 年中，衡量一个好城市，对比是个反复出现的主题：一方是独立的建筑和一望无际的景色，另一方是拥挤的建筑物和视觉封闭的城市空间。

本章借鉴了一些经典城市规划的案例，对人类城市发展是有益的启迪。包括卡米洛 · 西特和戈登 · 卡伦的城市景观思想、凯文· 林奇的城市区域的特征和可辨度理论，以及杨 · 盖尔提倡的建筑物间的生活。

中国，2012 年

上图：新公寓大楼，中国重庆。

照片：汉娜 · 本德森

下图：奥地利哈尔斯塔特村的复制品，2012 年建于中国广东。

这两张照片，一张是高耸的公寓楼，另一张是一个小城市广场，阐述了独立建筑和封闭城市空间之间的对比。住宅群对抗城市生活？私人开发商的私利对抗公共城市规划？经济适用房对抗豪华住宅？两张照片的建筑物来自于同一个国家——中国，都建造于 2012 年左右，它们之间的对比发人深省。

下列历史轮廓显示，在过去大约 150 年时间，这种对比已经成为一个常见的主题，它持续不断地努力造就了一个美好的城市。但首先，我们需要及时并进一步追溯过去。

文艺复兴时期的城市秩序

巴比伦人和古埃及人建造的城市，街道笔直的交叉成直角，今天我们称之为网格。后来罗马人在他们的军营中也采用了同样的原则，这种军营被称作卡斯特拉，它被设计成正方形或长方形，被两个轴向街道一分为四，它最重要的辎重被放置在轴向街道的交汇处。在中世纪以后的西方城市史上，网格在新城区的设计或火灾之后城市的重建中被频繁使用。这是欧洲和美洲的一贯做法，它形成了城市发展的一个分支。第二个分支源自欧洲中世纪的生态城市，中世纪的城市有机地发展了几百年（大约 1200—1400 年）。街道和广场逐渐建设成为城市需要的功能，城市空间是贸易、集会和社会生活的集合体。

文艺复兴时期（大约 1400—1600 年），人们对公共城市空间、街道和

广场做出调整，使其变得更加复杂。国王和征服者开始对城市进行规划，增加了游行和仪式的广场，使其成为城市的一个组成部分。而起源于意大利的文艺复兴为城市的艺术和建筑的发展铺平了道路。

新的城区乃至整个城市的规划和设计都基于文艺复兴时期关于秩序、对称和统一的理念。一个经典的例子是意大利的北部城市帕尔马诺瓦，它的形状像一个强化的对称多边形，街道从中央广场辐射而出。然而，文艺复兴时期关于城市空间效应以及其对人们影响的理念超出了线型城市规划。城市街景完全受透视理论主导。理解街景形式和变化之间的联系，需要通过人们的经验、心境，以及在时间和空间瞬时的感知能力去权衡。

意大利文艺复兴时期的建筑师塞巴斯蒂亚诺·塞利奥经常使用戏剧背景的方式测试街道的设计。大约在1550年，他用几何透视方法描述了城市景观：分别是喜剧场景和悲剧场景。有趣的是，他设计这两种城市景观的本意，是为他的剧本制造气氛并作为参考。

波波洛广场和罗马附近的街道就是在城市空间中有意识使用转换视角的一个例子。该区域的形成与16世纪末罗马的重建存在关联，区域没有一个视角可以俯瞰全貌。通过多维视角，眼睛从一条街被引到另一条街，却无处可以停留，似乎参观者会迷失在城市的外太空。通过城市的主街道系

城市作为舞台

左图：悲剧场景，具有消失点的有限空间。

右图：喜剧场景，限定的私密空间。

塞巴斯蒂亚诺·塞利奥，约1550年

顺序与对称

从1593年开始，按照文艺复兴关于秩序和对称的理念，如同星形城市帕尔马诺瓦一样，在意大利北部地区，人们规划和设计了新的城区甚至新的城市。

密集建筑群中的空间

这是诺力创造的 1748 年的罗马地图的一部分。这幅地图展示了城市的公共空间和共享空间是如何从密集的、高度协调的建筑群中隔离出来的。在这里空间成为了主角。

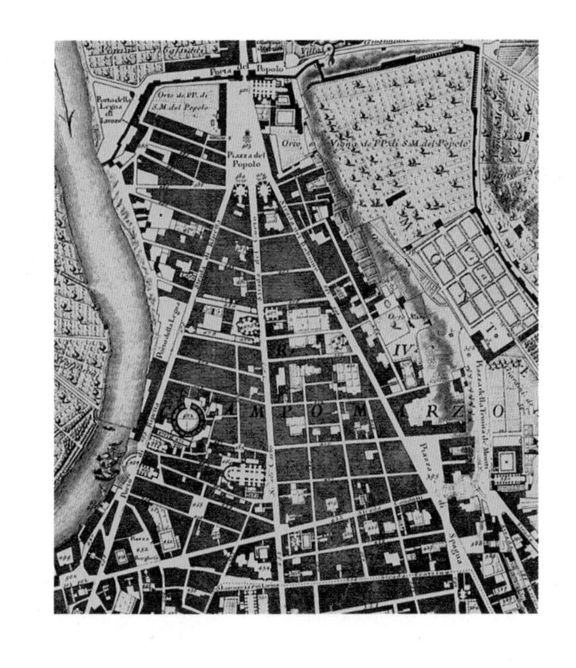

城市设计

锡耶纳的康波广场及其周围的建筑物大约设计于 1300 年。通过设计以及精确地在其外观和高度执行了建筑规范使得这些建筑物看上去非常和谐。

统，人们可以获得来自中世纪的历史记忆。然而，与来自中世纪的城市对比，上述文艺复兴时期的案例是由建筑师规划的。这别于现代的城市规划师，建筑师注意到，视觉应该根据建筑物来停留，而不是被无休止和无趣地引入一个固定点，如同现代网格城市那样。社会学家理查德·森内特解释道："文艺复兴的人文主义者是视觉体验的先驱者，这是很多现代城市规划中所缺乏的。如同道德见解一样，他们真的能够捕捉到这些视觉上的体验。抓住了局限性、不完美和不同的眼睛，它带来了悲剧的视觉体验。"[1]

在文艺复兴时期，建筑理论也得到了进一步发展，并且得到了清晰的阐述。大约在 1550 年，建筑师帕拉第奥写了四本有影响力的书籍，描述了街道和广场总的设计原则，特别是他本人的建筑物设计原则。这包括形式、对称，以及受古希腊和古罗马建筑的启发所得：比例。因此，文艺复兴对分析建筑物的构成做出了概念方面的贡献。

统一、秩序 / 层次、平衡、对称、规模、比例、节奏、对比与和谐，是传统上定义好建筑的一些概念。这些概念相互重叠，彼此强化，不能分离。统一被认为是最重要的概念。在某种程度上，这些概念仍然可以用来分析与城市设计有关的美学特征。

建于 1300—1345 年的意大利西耶纳的坎波广场是早期著名的城市设计

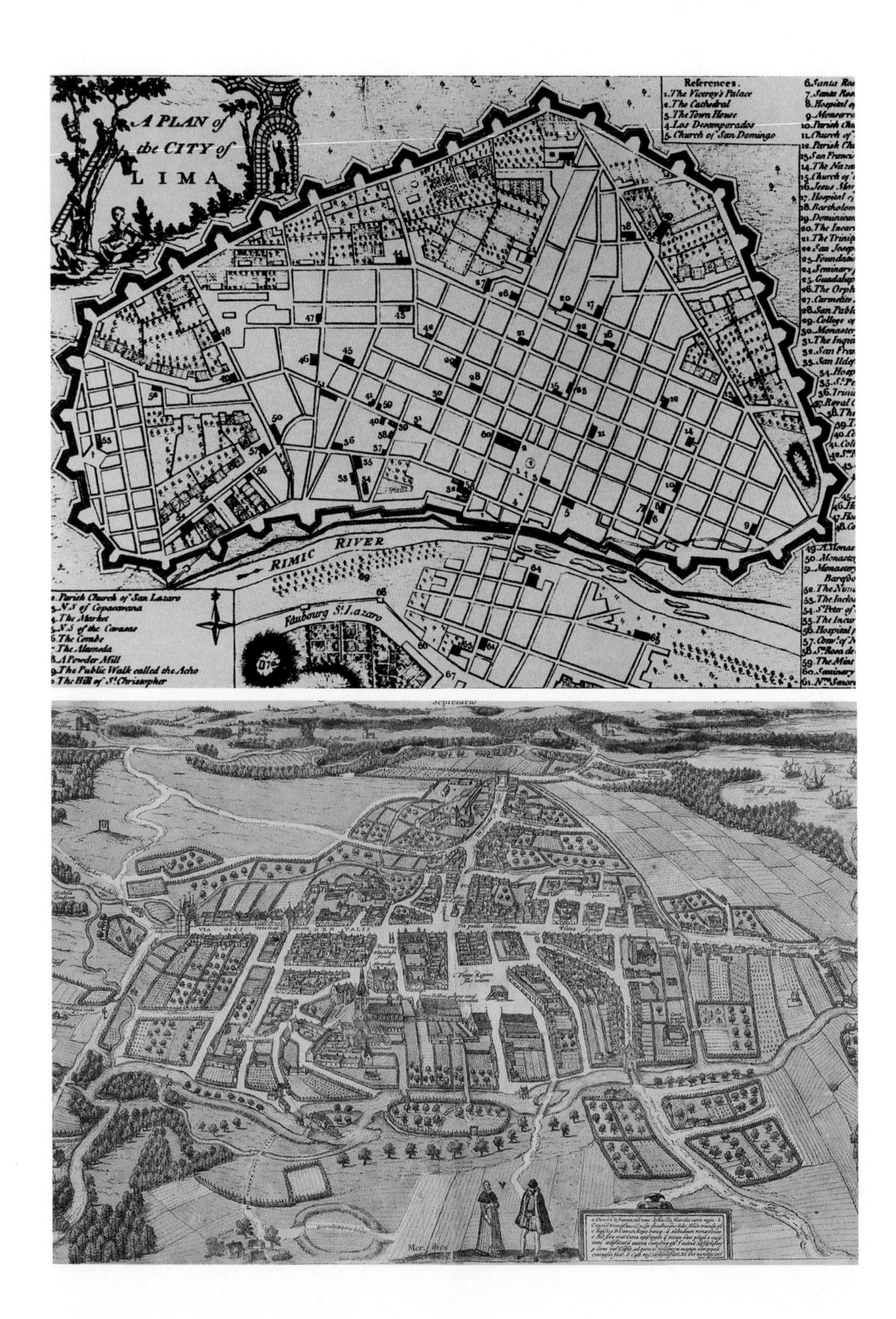
A PLAN of the CITY of LIMA
References.
1. The Viceroy's Palace
2. The Cathedral
3. The Town House
4. Los Desamperados
5. Church of San Domingo
RIMIC RIVER
Faubourg St. Lazaro
Parish Church of San Lazaro
N.S of Copacavana
The Market
N.S of the Caraseas
6. The Combe
The Alameda
8. A Powder Mill
9. The Public Walk called the Acho
The Hill of St. Christopher

网格城市利马，1772 年

秘鲁的利马是典型的拉美网格城市，它是作为西班牙在美洲的定居点，根据西班牙国王的指示，自 1573 年开始修建。随着时间的推移，拉美城市的城区逐渐变得拥挤，因为开发通常是带有内部庭院的传统建筑，而不是该区本身的公共自由区。随着这些建筑物被不带天井的、新的、更高的建筑物所取代，结果往往是大规模建设的宿舍没有任何真正宽敞的公共空间。[2]

有机城市奥登森，1593 年

中世纪丹麦城市奥登森，被认为是文艺复兴的一面镜子。经过公元 1536 年的改革和后期的发展，很多教堂和修道院被拆除，文艺复兴城市获得新的空间来建造广场和其他建筑物。许多今天我们熟知的广场就建于文艺复兴时期：街道体系有固定的构架，居民沿着街道的地界线建造房屋。德国人布劳恩和霍根伯格在 1572—1618 年出版的《世界城市》一书中描绘了许多文艺复兴时期的城市。他们的作品还原了欧洲很多城市古老的、真实的图片。[3]

范例。计划作为三个村庄的会议场所，锡耶纳的坎波广场周围是密集的建筑和狭窄的街道。坎波广场的和谐来自于严格的建筑规范，这些规范被执行了将近 50 年的时间。它的管理是由九位著名商人以及一个由律师组成的城市委员会负责，这些律师执行建筑法规并惩罚侵权行为。所以除了成为人们集会的好地方，坎波广场也是中世纪后期以来，最精确地执行建筑规范的产物，它是文艺复兴的前兆。[4]

欧洲城市的空间在整个文艺复兴时期都得到了完善，但是仍旧把中世纪的有机街道体系作为它的起始点。欧洲以外的定居点通常采用不同的建造标准。受到西班牙统治的影响，建造于 1500 年至 1600 年的北美定居点，整个拉美地区包括它的西南部（现属于美国）所建的定居点，都采用的是广场居中的网格布局标准。西班牙的菲利浦二世于 1573 年颁布了一套法令，为他所管辖的新城镇提供了指导方针："地区的规划，包括广场、街道和建筑用地，要通过绳子和尺子进行测量之后做出整体规划，从主广场到街道，从街道到大门，从大门到主路，并要留下足够的公共空间，即使城镇不断发展，它的布局依然是对称性的。"[5]

这是 300 年来的指导原则，从 19 世纪末开始，随着铁路和工业革命的到来以及城市的不断增长，广场不再是城镇的中心。城市的发展摆脱了网格的束缚，已经没有了清晰的结构或者核心。整个 20 世纪，最大的城市，发展成为现代化的大都市，城市枢纽取代了市中心和郊区。

今天，北美模式可以在世界上的其他地方找到，正如这些没有清晰边界的、不成形的城市。北美模式在欧洲也可以找到，但是它们在欧洲的发展更加多样化。首先且最重要的一点是因为从 19 世纪中期开始，欧洲城市的发展起源于中世纪有机城市，本身具有综合的、分级的城市结构。

工业时代的城市

在 19 世纪，许多欧洲城市发展成为大型的中心城市，城墙和其他防御工事将城市中心紧密环绕。19 世纪末，城市被允许扩展到原来的防御线之外。此时，很多城市缺乏日光和新鲜空气，这难以忍受的生活条件给人们的健康带来了很大伤害。

在巴黎，拿破仑三世命令豪斯曼将军重建中世纪城市。他的办法是在旧城区建了一条宽阔平坦的林荫大道。这是加强城市的军事控制和治安控

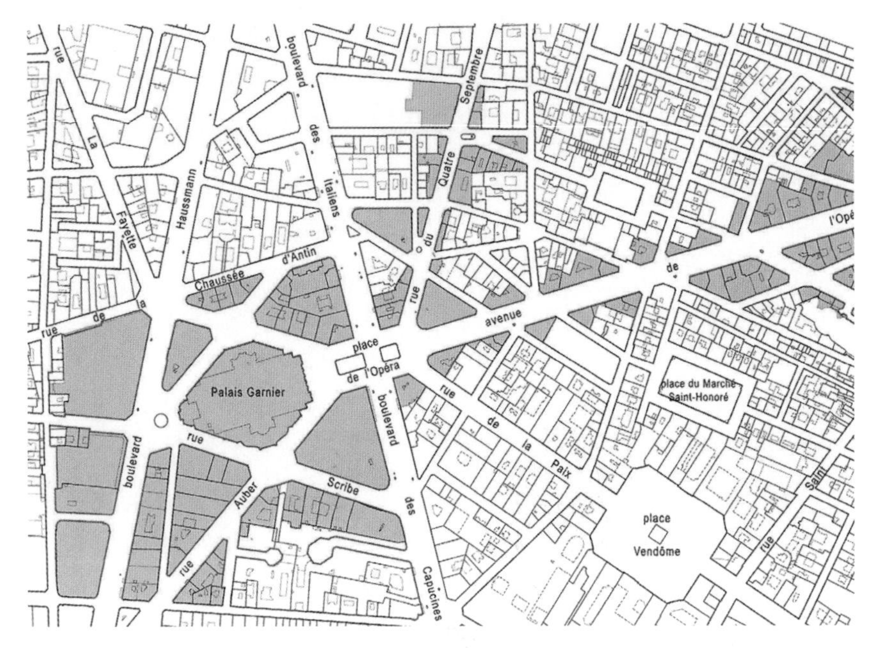

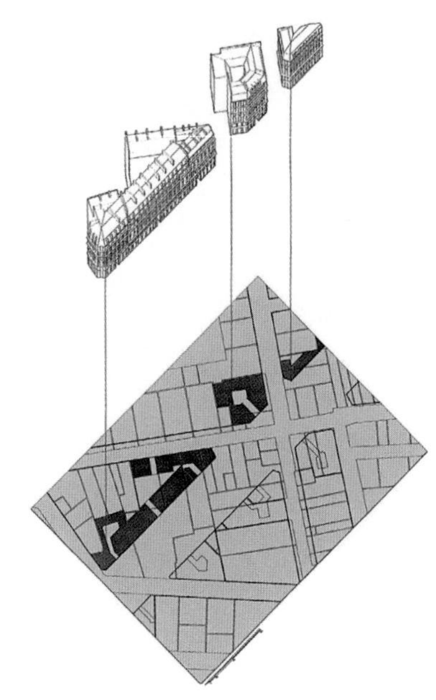

长而均匀的林荫大道

豪斯曼的综合性街道设计方案在 19 世纪 80 年代的巴黎得到了应用：长而均匀的林荫大道，道路两旁是新建的、雄伟的多层建筑。与柏林相比，这些雄伟的建筑物将巴黎的中产阶级留在了城市核心区，而德国的中产阶级中的大多数却选择了离开城市核心区。幸运的是，在林荫大道之间，巴黎的某些地区仍然有充满活力的、蜿蜒的街道。

制的一个办法，城市配备了下水道、水、电，林荫大道下还有一条地铁。

19 世纪末巴黎拆除贫民窟建造林荫大道的例子给欧洲以及其他地方的很多城市带来了启示。其中一个例子就是维也纳，大约在 1860 年，维也纳拆除了这个中世纪城市周围的旧防御工事。一条环绕城市核心的宽阔林荫大道，环城大道，取代了防御工事，并且周围布满了令人印象深刻的新古典建筑。

有机城市

奥地利城市规划师卡米洛・西特对维也纳新建的宽阔的开放式环城大道表达了抗议，他称这完全缺乏中世纪街头生活的感受。1889 年，他出版了《城市建设艺术》一书[6]，迅速影响了欧洲的城市规划。西特的书是基于对欧洲古老的有机城市、广场和街道的综合研究。通过分析，他对街道和广场的布局提出了建议，以及如何结合教堂，公共建筑和纪念碑进行建设。他得出结论，围墙是好的城市空间中最重要的元素。例如，西特对维也纳环形路上的祈愿教堂周围的建筑物提出了改进的具体建议。他的第一个质疑是，从远处看，这座教堂看起来像一座放在托盘上的模型建筑。然后西

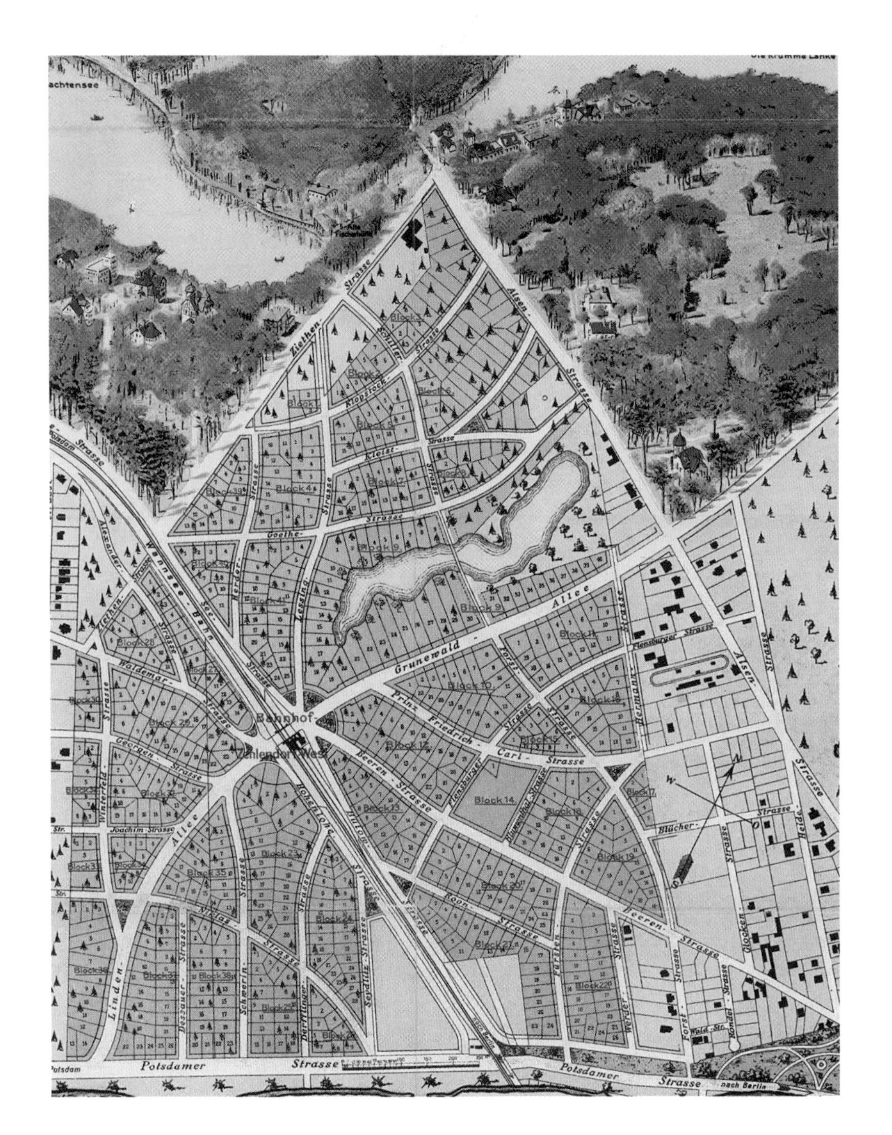

蜿蜒的田园城市

柏林城郊西泽伊伦多夫规划拥有蜿蜒的街道，它的规划与1900年左右的欧洲田园城市运动保持一致。中产阶级渴望离开拥挤的柏林，生活在拥有森林和湖泊的田园城市。

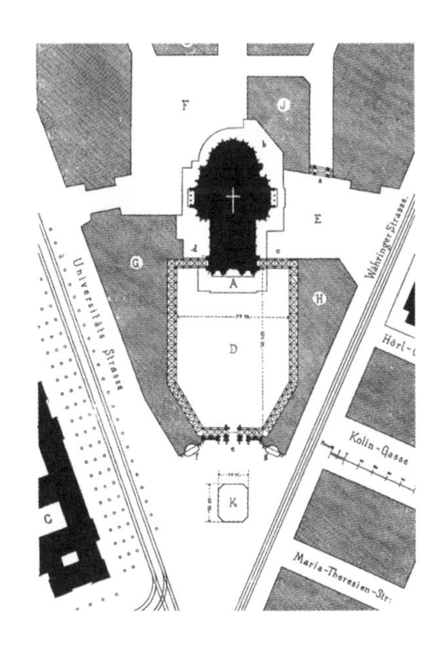

对空间的不同排列

卡米洛·西特在1909年为维也纳大街上的祈祷广场设计了更大的建筑密度（图中G、H、J和K）。为了强化靠近祈愿教堂的效果和感受，他希望包围和限定祈愿教堂周围的空间。很明显，这为戈登·卡伦后来的"系列愿景"提供了灵感，并与之有相似之处。

特指出，教堂等优美的建筑物与其附近的建筑物在风格上不相适应。他计划在教堂周围增加建筑物的密度，从而使城市看起来更加协调，加强人们近距离、多角度、从细小空间观察教堂的体验，可惜他的计划未能实现。

如上所述，西特对欧洲很多地区的城市规划产生了重要影响，还影响了美国的城市美化运动。在德国，直到20世纪20年代，城市空间设计才被高度重视，部分原因是受到西特经典有机城市空间设计的新建筑理论的影响，部分原因是平行运动获得动力的表述在当时受到追捧，人们更倾向

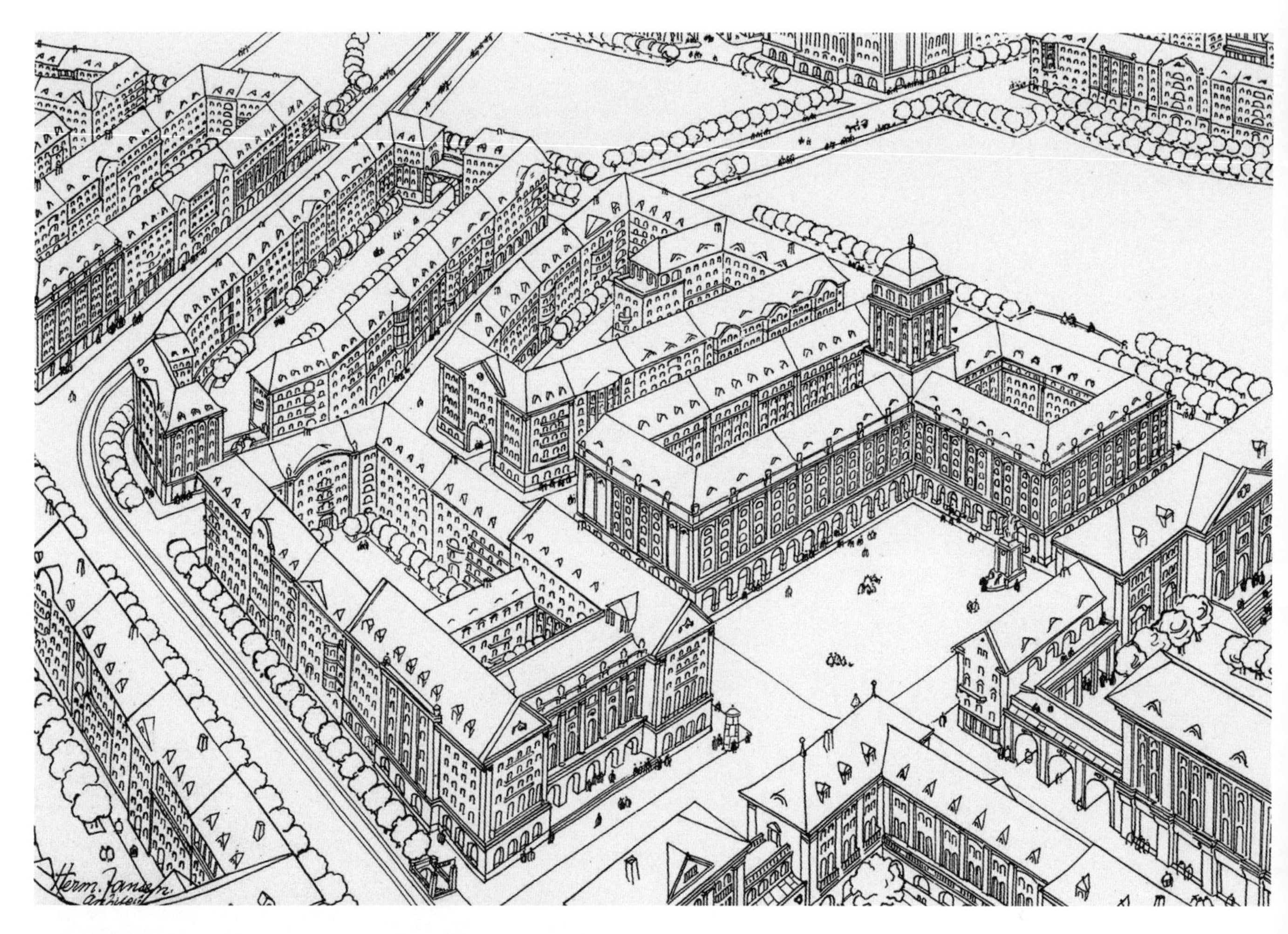

有机城市建筑

建筑师赫尔曼·詹森于1910年为柏林的坦普尔霍夫费尔德提出的规划方案符合卡米洛·西特的理论。请留意封闭的广场和空间以及被建筑物破坏的街景。绿色庭院和绿色通道的住宅区，使詹森的规划方案成为与其不远处病态的柏林廉租公寓的抗议[7]。

经典城市规划

维也纳建筑师奥托·瓦格纳1910年的城市规划展示了维也纳的纪念性建筑，以及长而平坦的街道，宽阔的林荫大道，巨大而对称的露天广场。作为一名老建筑师，奥托·瓦格纳（1841—1918年）提出了一个成为大都市的经典构想——维也纳的环城大道，这与后来的现代主义和国家社会主义城市规划理念有一定的亲缘关系。

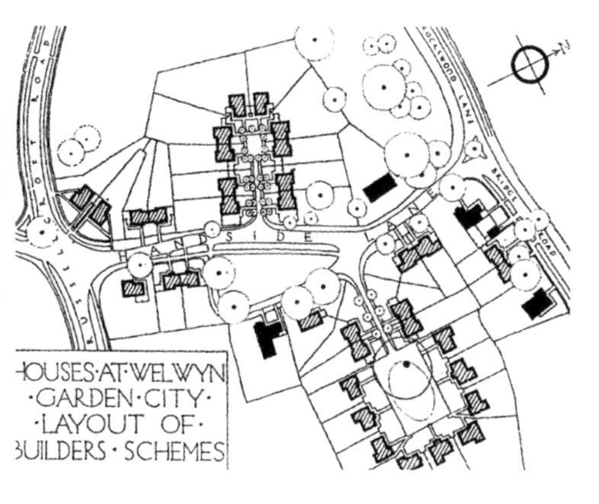

有机形式

伦敦郊外的威尔温花园城因其蜿蜒的道路和美丽的建筑布局而闻名。

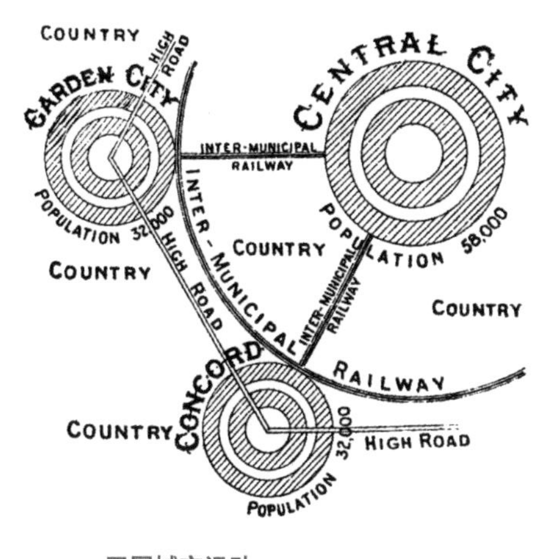

田园城市运动

田园城市运动由埃比尼泽·霍华德于1898年在英格兰发起。田园城市是一块自给自足的城市区域，周围被绿化带所环绕，住房、工业、服务业和农业占有均衡的份额。截止20世纪30年代末，莱奇沃思和韦尔文是伦敦附近仅有的两座田园城市，但是第二次世界大战后，霍华德的理论成为英格兰和苏格兰很多新城镇建立的理论基础。

于建造直线型和纪念性的建筑物。

从1900年至第一次世界大战，像一个大熔炉一样，柏林建造了大量的建筑物。高耸入云、外观给人留下深刻印象的豪华公寓，被设计为各种经典和历史风格；新艺术风格的建筑物，建于街道和广场对面。人行道和街道设施见证了赋予城市公共空间的高度优先权。然而，在表面光鲜之下，附近工人的住房和商业建筑布局非常紧密，有的建了2-3层，甚至有的达到7层。这些建筑物聚集了太多人，卫生条件和公共空间非常有限，这招致了对此地居住条件越来越多的批评。在19世纪初，建筑师和其他一些人致力于对柏林的建筑结构进行更新。

从1920年起，柏林的坦普尔霍夫费尔德项目提案，展示了一个良好的人性化城市环境：非线性街道、宽阔的人行道、广场和街道上的人们。然而，与之形成对比的是，奥托·瓦格纳在1911年的研究“大城市”[8]展示了一个完全不同的风格。五层的建筑物与上述案例具有同样的高度，但它们被放置在一个对称型的城市规划中：长而平坦的林荫大道、公园、倒影池以及方尖碑。有趣的是，街道上只有交通工具，看不见人。

在20世纪之初，不仅在欧洲，还有美国，许多不同的城市设计风格引人注目。美国著名的城市规划师和建筑师丹尼尔·伯恩汉姆受到欧洲大城市的启发，成为美国城市美化运动的杰出代表。伯恩汉姆为芝加哥和其他几个城市制定了城市规划，他希望通过对林荫道、对角线连接、广场和视角来改变单调的城市网格。在旧金山，他制定了一个填充城市网格的规划。由于1851年旧金山发生了灾难性的火灾，1906年又发生了大地震，城市需要重建，他的计划中只有一小部分得到了实现。例如安巴卡地罗，一条林荫大道环绕海湾。伯恩汉姆在曼哈顿也制定了一个类似的规划，但是也未能实现，仅仅在一条街道上有所体现。然而，这却成为这个城市的地标：在伯恩汉姆的城市规划里，熨斗大厦坐落于一个锐角处，它恰巧又是一条新的林荫大道的起点，斜穿过原来的网格。熨斗大厦也是由伯恩汉姆设计的。

欧洲大城市让人失望的情形，成为田园城市运动的背景，它由埃比尼泽·霍华德于英格兰发起。1902年，霍华德在其名著《明日的田园城市》[9]中阐述的理论，赢得了欧洲以及很多其他地区的共识，包括美国、加拿大和拉丁美洲。在花园城市的规划中，视觉变化大，城市空间封闭，这受到卡米罗·西特关于城市规划理论的影响。城市规划设计的核心，就是当人

可怕的乌托邦

德国建筑师路德维希·希尔伯斯海默 1920 年的绘图，呈现了一个现代乌托邦式的高层住宅，呈长而均匀的排列，与人口规模不成比例。交通被严格隔离，各区域按照功能仔细划分。路德维希·希尔伯斯海默是德国包豪斯建筑学派的代表，以及荷兰的德·斯蒂吉尔和法国的柯布西耶，都是功能主义/现代主义的杰出推动者。无数建造于 20 世纪 60 年代到 70 年代的建筑，令人不禁对希尔伯斯海默进行缅怀。

街道的消失

这幅图展示了勒·柯布西耶 1922 年提出的“一个拥有 300 万居民的现代化城市”（“辐射城市”）的规划。勒·柯布西耶的高层建筑理论对世界各地的城市发展产生了巨大的影响。像希尔伯斯谢默一样，他对现代交通技术和隔离交通系统理念很着迷。勒·柯布西耶对公园中建造塔楼的想法是对由密集的住宅区组成的欧洲城市的回应。然而，这些想法并没有给居民带来自由和绿色环境，而带来了不人道的环境：高楼不成比例，周围被交通网和停车场环绕。

城市的消失

勒·柯布西耶 1925 年提出的改造巴黎市中心的“计划书”，与同时代的维尔有着相同的想法，但是，历史悠久的巴黎核心区域遭到了野蛮的破坏。在旧世界的灰烬上，诞生了新世界的宣言。

们穿过蜿蜒的街道时，展现在他们面前一系列的画面和形象。

建筑中的现代主义

一种全新的、被称为现代主义的建筑风格于20世纪20年代初期发展起来。现代主义最著名的代表人物是法国建筑师勒·柯布西耶，他的理论与卡米洛·西特的理论完全相背。勒·柯布西耶于1922年关于建造“一个可以容纳300万人的现代城市”的规划，彻底排斥了西特的封闭城市空间理论。在《光明城》[11]一书中，勒·柯布西耶阐述了一个理想城市的理念，规划了一种没有街道的通用建筑模式。

作为国际现代建筑协会的创立者，勒·柯布西耶可以更好地宣传他的城市无街道理论。1933年的《雅典宪章》[12]宣称“建筑物不得再与人行道相连。建筑物会依靠周围的环境蓬勃发展，其周围的环境要静谧，拥有阳光和新鲜空气”。人行道和车道互相连接，彼此隔离。每个区域发挥其自身的功能，除非必要，否则不得与建筑物相连。

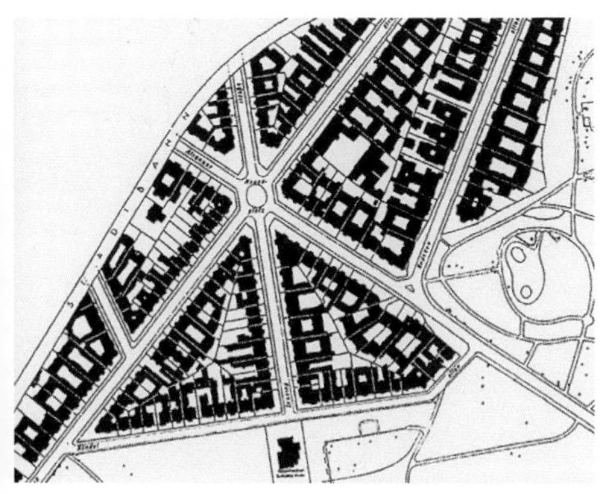

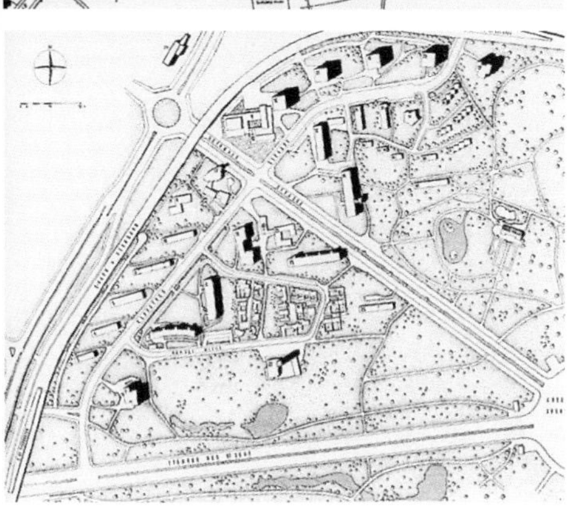

汉萨·维特尔，柏林

这些规划说明了现代主义对柏林重建的影响。上面是汉萨·维特尔，第二次世界大战前就布满密集的封闭式建筑。下图是1960年左右重建后的面貌，大片的住宅区和联排别墅相互独立——这是国际建筑竞赛的结果。

根据勒·柯布西耶的理论，城市就像一台机器，不同的区域有不同的功能，住宅区、购物中心、商业区以及公共交通。人们从住宅区可以俯视绿地。交通被分流，传统街区不再成为必需。建筑物之间空旷无趣的空间，例如商店和服务业，被融入住宅区。悬挂在大型塔架上的“马赛公寓”，成为勒·柯布西耶城市规划和住宅理论的象征，公寓由邮局、药店、理发店、洗衣房和18间客房的酒店构成。第二次世界大战后的1945年，现代主义运动对欧洲以及欧洲以外的地区产生了巨大的影响，很多建筑师加入了这一运动。原因之一是汽车数量的急剧增长。

西方世界的很多工程都基于现代主义理论。在欧洲，第二次世界大战期间的多次轰炸，为后来的现代化工程建设留下了空间，这些现代化工程与城市旧有的结构和规模无关。一个例子是柏林的老城区“汉萨·维尔特尔”,战后这里成为废墟。1957年,在一次国际建筑竞赛之后,该地区被重建。重建后，此区域成为塔楼、公寓楼和联排别墅的巧妙结合，建筑物之间既没有内部联系，也没有与外部城市的联系。总的来说，在20世纪50年代和60年代，许多欧洲城市致力于繁重的城市清理和建造现代化建筑物。对许多历史上的城市中心而言，很多有历史价值的建筑物被拆除，被现代化建筑物所取代，未考虑到古建筑物的价值和景色的不可替代性。

美国许多不错的城市，也是按照这种模式发展。1949/54 年颁布的《住房法》，在“清除贫民窟”的口号下，开启了对城区进行大规模清理之路。根据这项国家立法，城市议会代表城市买下了计划清理的区域，并将其出售给开发商，联邦政府承担转售损失的三分之二。这些地区通常被夷为平地后售给已经被批准立项的开发商。贫民窟清理立法是“解放”城市中心历史遗留问题的工具，是将现代主义移植到美国城市内部的完美工具。

没错，这是现代主义，但不像柯布西耶描绘的那样。他描绘的绿色城市是在公园中布置塔楼，但在美国变成了公寓楼周围停满汽车的灰色城市。建造购物中心、办公楼和停车场的经济压力太大了。

1950 年的波士顿

波士顿市中心最初有一批优良历史建筑，在 20 世纪 50 年代被拆除，取而代之的是一条高速公路，在城市和海滨之间形成了一个多余的屏障。

为人性化城市而奋斗

20 世纪 60 年代末，大众对城市拆迁的抵制有所增加，这促进了法国、英国和美国出台了新的保护法。1966 年美国出台了《国家历史遗产保护法》以替代城市清理，这为城市中心的重建提供了新的工具。这项新的保护政策，在大西洋两岸开启了一项被称为“中产阶级化”的进程，有助于城市遗迹的修复。旧街区成为中产阶级涌入的目标，学生、艺术家和其他创造性人才也都想生活在这个充满乐趣的混合区域。还是老地方，几十年前“绿色浪潮”时期中产阶级为了郊区生活或豪华公寓而放弃的地方。现在，他们的子女又搬回这些城市中心的老房子里居住。

20 世纪 60 年代，对现代主义城市设计的抵制和对历史名城及其设计的重新关注与日俱增。新作者和建筑师们列举了历史名城的特征。从 20 世纪 50 年代末直至 20 世纪 60 年代，涌现了很多著名的作品：如：简・雅各布斯的《美国大城市的死与生》，1961 年著 [13]；斯蒂恩・艾勒・拉斯穆森的《体验建筑》，1957 年著 [14]；戈登・卡伦的《城市景观》，1961 年著 [15]；凯文・林奇的《城市意象》，1960 年著 [16]；以及克里斯托弗・亚历山大、扬・盖尔和其他一些作者的作品 [17]。

在《美国大城市的死与生》一书中，简・雅各布斯有力抨击了当代城市规划与更新中使用的推土机方式。她描述了位于纽约格林威治村基地的多样性和充满活力的城市生活，社会、经济、物质和结构，各部分融为一个整体。作为城市居民变迁、城市活力和景色的一个重要因素，雅各布斯强调了旧建筑的重要性及其对城市多样性的贡献。

1920 年至 1960 年的房屋类型 ▶

这里所展示的受现代主义影响的具体例证，它们是建于 1920 年至 1960 年时期的典型的哥本哈根建筑。所有这些建筑都是作为公共住房或类似性质的住房，由 KAB 房屋公司建造或管理的。由此可见，建筑设计必须是一段时间内规划和建筑中不断变化的潮流的准确反映。

哥本哈根 1920 年至 1960 年的房屋类型

从封闭的公寓楼到孤立的塔楼。

插图：KAB 年鉴

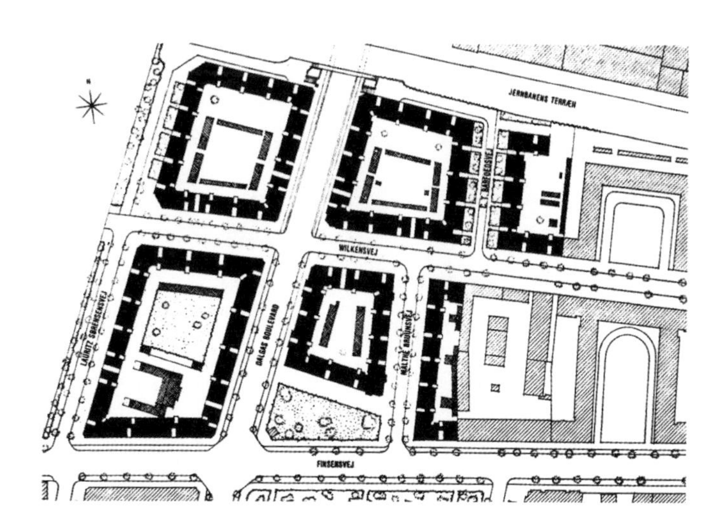

1920 年至 1926 年的林德文区

5 层公寓楼是原有住宅区的延展，包括庭院、街道入口和封闭的城市空间（按照卡米洛・西特的理论）。第 66 页描述了此区域的更新情况。

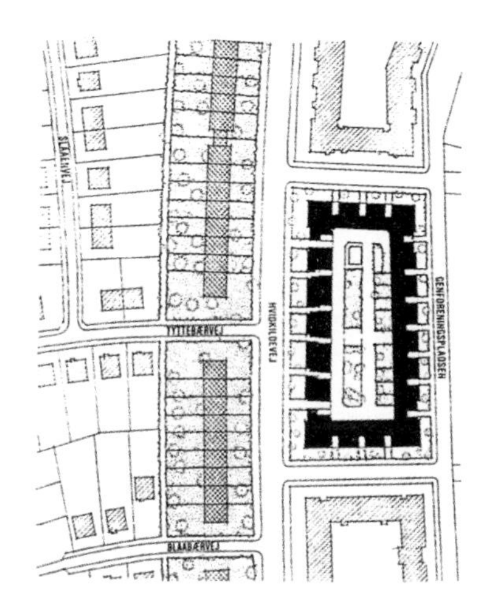

1933 年罗德加德

四层带庭院的公寓楼，前院面向街道。

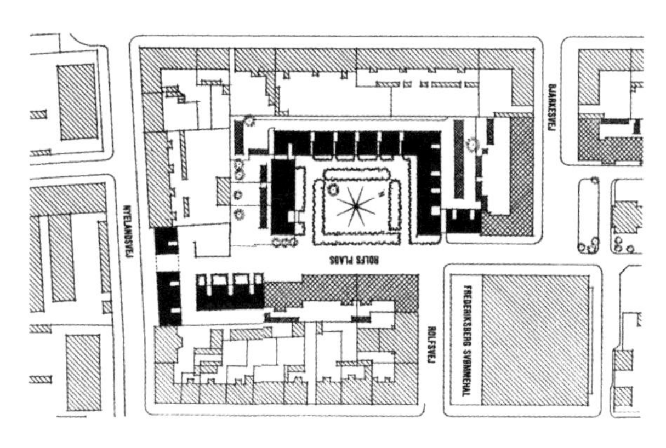

1940 年的尼兰德住房

从 1900 年起，5 层公寓楼被并入一个旧城区，部分入口与街道分离。

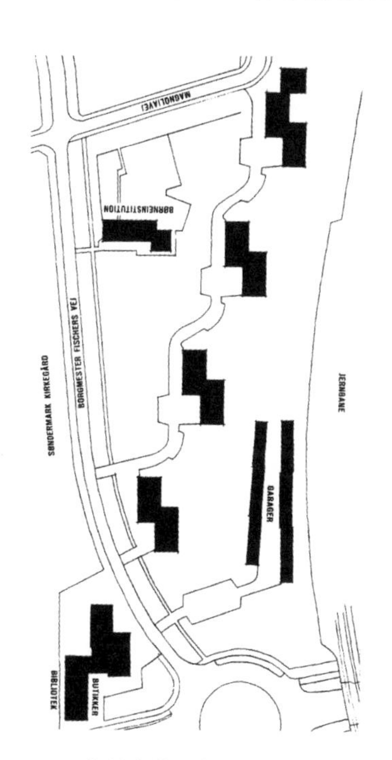

1955 年的森德马肯

15 层楼高的塔楼，周围有自由区，入口与街道分离（按照卡米洛・西特的理论）。

斯蒂恩·艾勒·拉斯穆森描述了人们对城市内部和外部建筑空间的反应。他强调了形式、节奏和色彩的质量以及材料的质地和光泽对人们感知建筑的重要性。如今，随着钢、玻璃和其他光滑材料在建筑中更占主导地位，对拉斯穆森观察结果的相关性研究无疑变得越来越重要。这是人们喜欢旧城区的原因之一，因为它们有更有趣的、更复杂的形式和细节，材料和纹理。

戈登·卡伦痴迷于视觉连续性理论，这在卡米洛·西特的作品中也发现过。卡伦用精细的透视图，剖析了观察者在城市中移动时的城市形态，并注意到如何增强不断变化的街景和视角的效果。直到 20 世纪 50 年代，卡伦与其他和《建筑评论》杂志有关的人一起，推动了波澜壮阔的英国城市景观运动。该运动的另一个先驱是休伯特·德·克罗宁·黑斯廷斯，他于 1963 年以化名伊沃·德·沃尔夫[18]出版了著作《意大利城市景观》，这部作品赞颂了意大利城市的视觉体验效果。城市景观运动仍然非常活跃。在 2011 年的一次研讨会上，《建筑评论》杂志在谈到城市景观对当前城市规划的影响时，提及了它的贡献："现在，当建筑学已被建筑目标所主导，城市化被交通工程师所主导，城市景观的人文主义精神和对其背景的尊重值得重新评价"。[19]

凯文·林奇对人们如何看待城市这个问题感兴趣。林奇进行了一项研究，它要求城市居民通过绘图，来表现他们在城市中如何从自己的生理和心理上自我定位。在这些研究的基础上，林奇形成了他的"可成像性"理论，即城市结构如何让人们的意识产生强有力的视觉画面。林奇总结到，产生这种视觉画面的主要元素是路径、边缘、区域、节点和地标。林奇的理论在城市转型中仍然具有重要作用。例如，为了保存城市的可识别性，需要维护城市的区域特征，这与保持城市边界的一致性同等重要。

在克里斯托弗·亚历山大 1968 年出版的《建筑模式语言》[20]一书中，详细阐述了采用模式对从城市内到城市外的各种情形进行有机设计的方法。他描述了重建传统城市的有机设计过程。在他 1971 年的文章《城市并非树形》中[21]，他描述了现代城市功能和服务的等级分布，以及他对传统城市的错综复杂和综合功能的重视。

扬·盖尔专注于人们对公共空间的利用，他称之为建筑物之间的生活[22]。基于数十年对人们使用街道和广场的研究和记录，盖尔制定了城市设计的原则。这些原则记录在他的《为人而建的城市》一书中。[23]

道路

边界

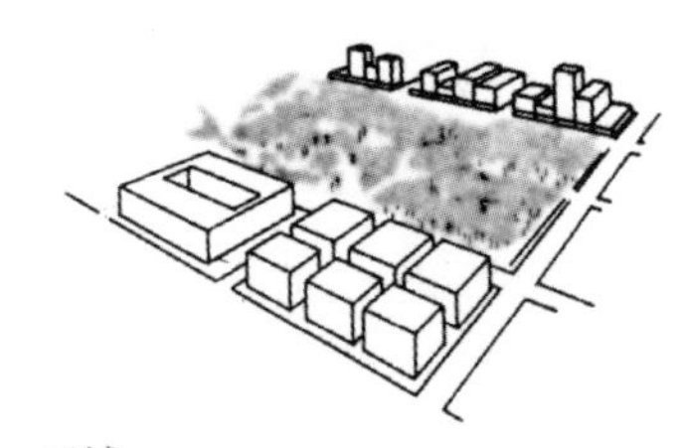

区域

节点

地标

凯文·林奇，1960 年

上图是使人们产生视觉画面的主要元素的代表。

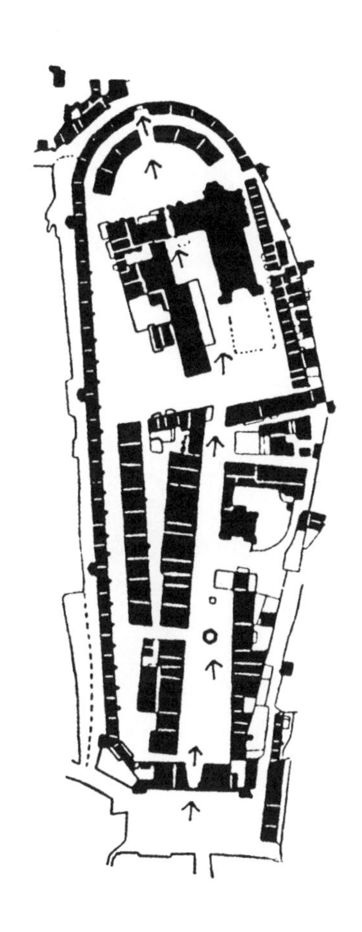

戈登·卡伦，连续性视觉，1961年

卡伦关于迈入想象中的城市的平面图，阐述了眼睛如何发现一系列场景和惊奇，刚走几步就达到了戏剧性的新视觉体验。平面图上的每一个小箭头都代表一幅从左到右看的图画。卡伦著名的签名插图不断提醒人们，在城市规划中融入这种品质体验的重要性。

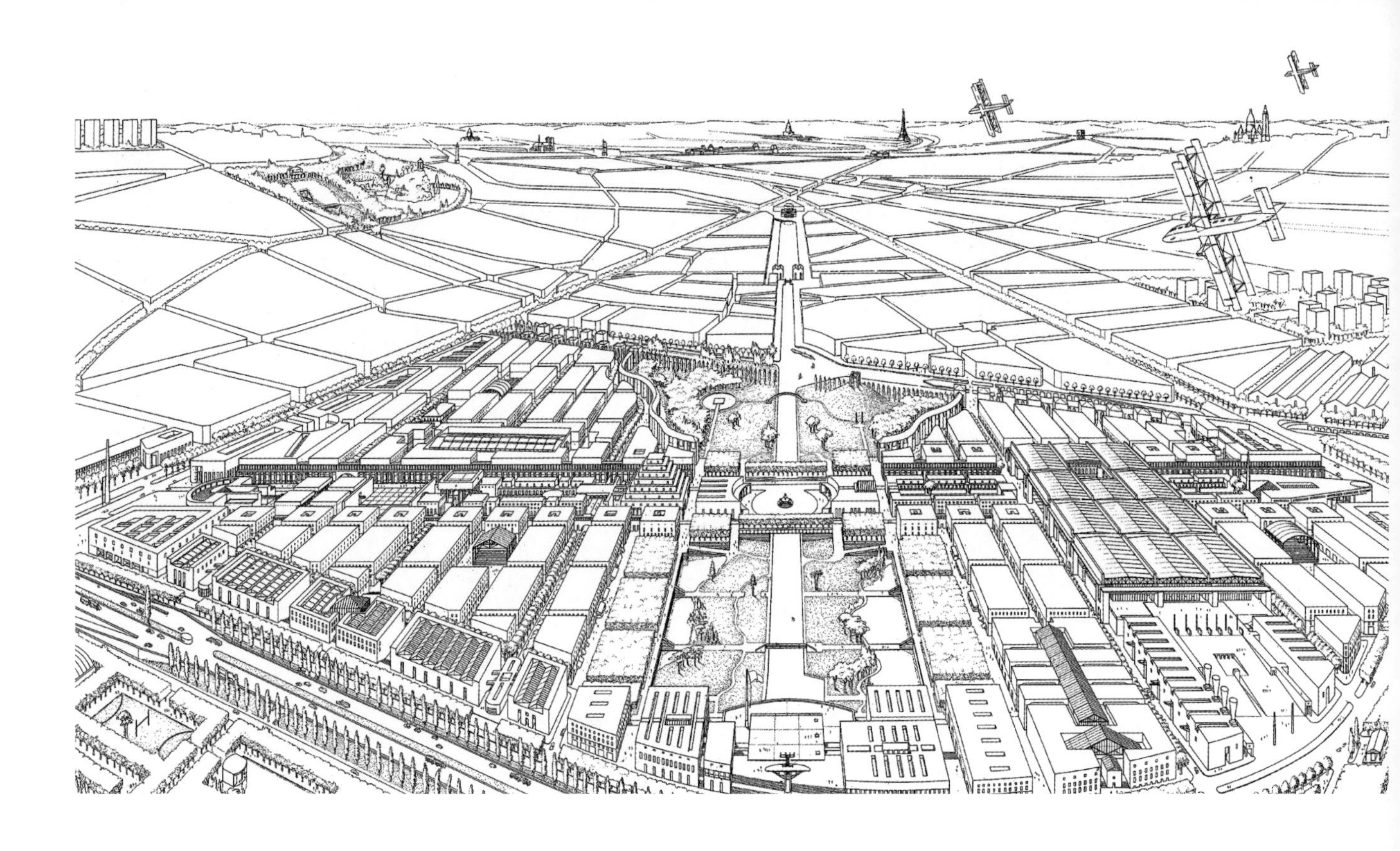

对现代主义的批评的势头在20世纪70年代和80年代有所增长，尤其是来自那些自称“新理性主义者”的人。主要的人员是阿尔多·罗西（著有《城市建筑》，1966年）[24]，莱昂·克里尔（著有《理性建筑》，1978年）[25]和罗伯·克里尔（著有《城市空间》，1979年）[26]。科林·罗和弗瑞德·科特于1978年[27]出版了他们的著作《拼贴城市》，其中强调了城市是历史和文化艺术创作的产物。新理性主义反对历史空间感，而这正是现代主义的特点。他们在复杂的城市规划中，聚焦于城市布局和建筑结构类型。尽管他们特别关注公共空间的利用和设计，但往往以纪念性和线性的形式来表示。

里昂·克里尔，巴黎拉维莱特，1976年

里昂·克里尔的画作是新理性主义的代表，他关注城市布局和古建筑类型，特别强调公共空间的设计和利用，通常以宏大的形式来表现。

插图：© 艾罗兰德，1977年

温和的城市改造

在20世纪70年代和80年代，西柏林成为新的城市发展理论关于新建筑和城市重建方面的实验地。大规模拆迁，高层建筑和高速公路布满城市中心，这种北美城市重建的模式开始受到抵制。20世纪70年代初，西柏林

柏林 118 号街区，1975 年

柏林 118 号街区是夏洛滕堡拆迁规划区的一部分，1975 年，西柏林的反拆迁运动向人们展示了一种温和的城市重建模式，大部分建筑得以保留。这标志着柏林和欧洲其他地区开始施行一项新政策。插图：贝里那 · 鲍比兰兹，1978 年

反抗

年轻人对拆迁进行抗议，他们为了获得空置旧房屋的居住权和装修权进行抗争。“抗议的人们”，柏林，1980 年

市议会试图在科特布塞尔广场开展对克鲁兹堡的全面拆迁。然而，这遭到了来自居民和专业人士的广泛抵制，至少在一段时间内，阻止了对此地区的进一步拆迁。

从 19 世纪末开始，专业人士、反对党政治家和居民团体对保护工业化城区的观点越来越感兴趣。西柏林草根运动的目标是制定一个好的替代方案，以满足城市议会对全面拆迁和建设新的现代化住宅区的要求。118 号街区开始实施一个所谓的示范项目，这是夏洛滕堡地区需要治理的一部分区域。

在与当地居民合作的情况下，该地区进行了有限的拆迁重建。修建了绿色庭院，同时，公共空间的质量得到了提升。然而，这种被称之为“温和的城市重建”方式，仍不是城市议会的官方政策。

机缘巧合的是，1975 年，一场“为过去争取未来”[28] 的反拆迁运动席卷欧洲，欧洲议会也将 1975 年作为欧洲建筑遗产年。西柏林加入了这场运动，而且西柏林并不孤立，还有许多其他城市也加入进来，其中包括意大利的主要城市博洛尼亚，它将其整个前工业城市中心作为保护区域。博洛

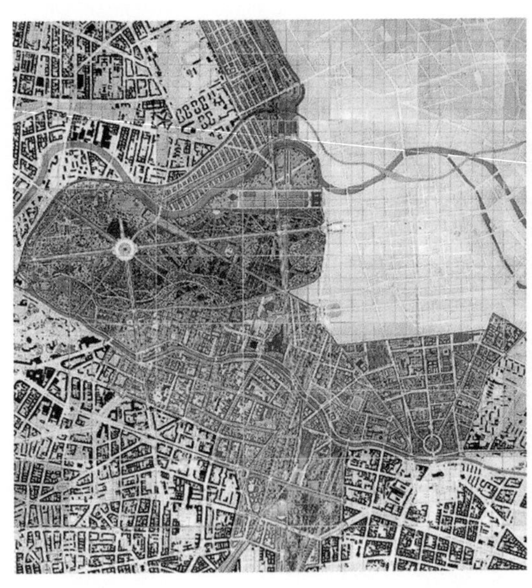

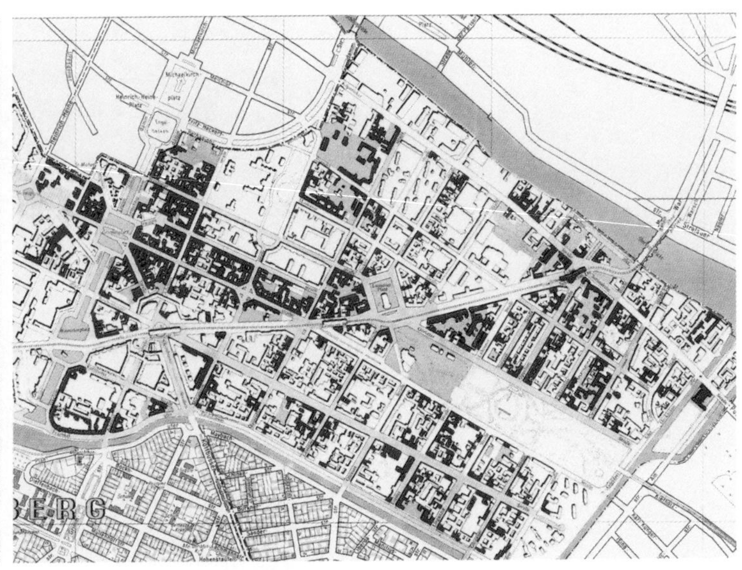

尼亚的决定对欧洲这场反拆迁、反现代建筑运动具有重要的意义。这场运动的其他重要城市还有荷兰的阿姆斯特丹和波兰的克拉科夫，而荷兰和波兰也在尽力保留自己历史悠久的前工业化城市。在这场运动中，西柏林118号街区“温和的城市重建方式”，是1900年世纪之交之前为保护一座城市而进行斗争的范例。它得到了国际上的广泛关注，在20世纪80年代，促使官方出台了“温和的城市重建”政策。西柏林对全面拆迁和现代化建筑的抵制，促进了20世纪80年代拆迁补偿政策的产生和古建筑更合理地配置。

在1984—1987年西柏林举办的国际建筑展览上，真实的新建筑演示了如何修复和改进现有的城市结构。这些新建筑的设计者有罗伯·克里尔、阿尔多·罗西、赫曼·赫茨伯格、马蒂亚斯·恩格斯和其他一些设计师。这些所谓的新理性主义者，以新城市主义运动的形式，对很多地区造成了巨大的影响，包括美国，新城市主义运动的街道设计、城市空间更好，建筑更具人性化。1984—1987年柏林国际建筑展览项目之一是罗伯·克里尔在弗里德里希施塔特南部的里特斯特拉斯和奥兰尼斯特拉斯之间的重建工程。新建筑将原有建筑连在一起，建筑高度4至6层不等。该项目尊重了原有街道和建筑物的外观线条，但在其他方面形成了自己的城市结构。外观的设计具有高度多样化的表现形式。内部庭院看上去是封闭的，规模不大，

国际建筑展览，柏林，1984—1987年

左图：国际建筑展览上为波茨坦广场南部和蒂尔加藤区南部的重建设计的新建筑，由建筑师约瑟夫·保罗·克雷赫斯创作。[29]

右图：国际建筑展览上位于克鲁茨伯格的现代化项目，标题为“审慎的城市更新”，管理人为建筑师哈特·沃尔特·莫尔。[30]

人行道和车道之间保持了良好平衡。该项目已成为一个极佳的“城市景观”，吸引人们对此进行有趣的探索。建筑物之间生机盎然，私人空间和公共领域互不干扰。

城市扩张、隔离、资源浪费

尽管欧洲新理性主义和美国新城市主义影响很大，但总体上城市发展开始走上不同的道路。传统城市规划是基于一个主线，多角度对城市进行规划，而这种传统城市规划方式正在消亡。在《拼贴城市》一书中，科林·罗和弗雷德·科特尔主张将城市作为一个复杂的整体，以一种更加多元化的视角来看待，摆脱了乌托邦式的空想。建筑师罗伯特·文丘里和彼得·艾森曼承袭了他们的观点。

在 1992 年出版的《主题公园变奏曲》一书中，迈克尔·索金写道，公共街道和城市空间正在失去其作为人们聚会场所的功能。他详细描述了公共空间的多样性如何被一些场所取代，这些场所拥有渲染出来的气氛，预先设计的活动，让人联想到迪士尼乐园和旅游业。“在主题公园或购物中心的‘公共’空间，演讲是受限制的：迪士尼乐园没有示威活动。改造城市付出的努力就是对民主的争取，”索金写到，他呼吁“让我们回归到更真实的城市：随心所欲的徜徉，集体主义诉求的表达。随着空间的消退，亲密感也会消退。”[31]

在全球范围内，城市发展意味着人口的稳定流入和城市面积的增长，伴随着汽车数量急剧增加，城市发展和布局越来越分散和支离破碎。政府更加重视个人经济利益，赋予开发商更多的机遇，而城市规划未得到相应重视。这在世界上大多数国家已成为一个普遍趋势：欧洲、北美、南美、中国、亚洲以及其他地方，城市景观被一些大型建筑物和独立式高层住宅所主宰。不幸的是，现代主义的建筑理念完全符合这幅场景，到处充斥着与城市结构和规模不匹配的大型建筑物。

20 世纪 70 年代起，始于美国的碎片化城市结构，已成为当今世界上很多大城市的发展趋势，封闭的社区、高速公路和购物中心。一个典型的案例就是巴拿马城，它受美国的影响很大，巴拿马城大多数为上层社会和中产阶级建造的住宅都是 20—50 层高的塔楼，社区为封闭式管理。较低的 4—6 层是停车区域，因为地下停车场很少。停车场有门卫守护，居民可驱车穿

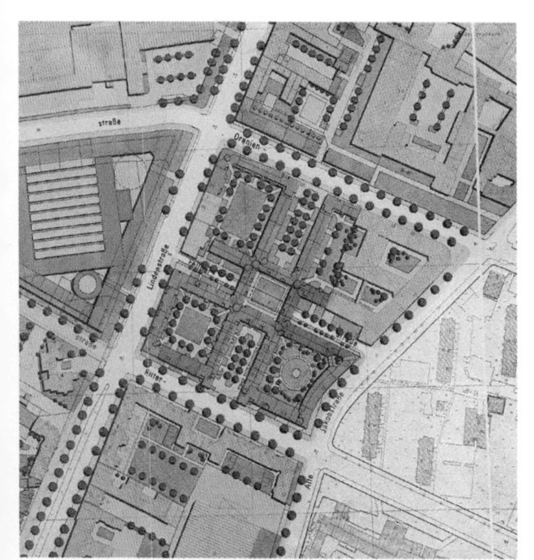

罗伯·克里尔

建筑师罗伯·克里尔在 1980 年对柏林的里特斯特拉斯和奥兰尼斯特拉斯之间的地区进行的规划，是关于建筑物重建方式一个最好的案例：别具一格的住宅，重新规划的街道空间，精致的内广场、行人通道和绿色庭院。非常具有人性化。

过城市到达工作场所、学校和室内购物中心。除了支付高昂的安保费，许多地区的居民还雇拥私人保安，夜晚在空旷的街道巡逻。高速公路和立交桥将贫民窟隔离开来。城市的许多地方有盗抢的风险，不宜前往，但游客可以安全地参观有西班牙风格的老城区卡斯科维耶奥，因为那里的每个街角都有警察。虽然这个场景听起来像是一部骇人的电影剧本，但在世界上许多大城市都是真实存在的。

此趋势在欧洲城市尤甚。许多新建筑不向周围环境开放，未共享其城市空间，而是将自己封闭起来。这些建筑与社区离得很近，如果这种不利的势头遭到持续的抵制，会给城市规划和管理带来巨大的压力。一个解决的办法就是，新住宅区与周围的街道和城市空间有出口直接相连。

社会阶层之间的隔离正成为一个巨大的挑战。从广义上来说，大城市有各种贫民区，人们易于与自己类似的人居住在一起。大体上讲，城市是由上层阶级、中产阶级、工人阶级以及各种少数民族群体构成。据推测，这些群体一直以来都存在，但是在过去 50 年左右的时间，大城市里社会阶层之间的隔离越来越严重。城市中心生活成本的上升也使阶层隔离情况变得更糟。例如护士、老师、警察等普通人，他们的收入已经难以维持居住在城市中心的生活。这也导致通勤成本上升，削弱了社会的凝聚力。

阶层隔离是城市的一个巨大的挑战。贫困地区或贫民区与周围的社会隔绝开来，这里存在很多社会问题：大部分人都无业，犯罪率很高，药物滥用。迁入此地的人们没什么资源，有些能力的人又搬走了，这是贫民窟形成的根本原因。改变这种情况的方法，包括阻止贫困家庭群居，以及吸引有能力的人回归。

在很多大城市，居民人口数量的下降，即“城市萎缩”现象，使得历史悠久的老城区衰退，另一方面，无序扩张使城市扩展到乡村，侵占农田和绿地。在美国，2001 年的新城市主义运动宣言提出“新城市主义大会认为，缺乏对城市的投资、收入和种族隔离日益加剧、环境恶化、农田和野生动物领地减少、文化和建筑遗产的恶化，是社会发展的内生性挑战。”[32] 这种消极的发展在欧洲也是一个严重的问题。德国莱比锡哈雷地区同时面临着人口减少、城市中心不断恶化和城市扩张的问题。城市扩张的根本原因是低密度建筑的不断兴建。自 20 世纪 50 年代以来，欧洲城市面积的平均增长率为 78%，而人口增长率仅为 33%。美国和中国也有同样的发展趋势。

巴拿马的新城区

巴拿马的一个新城区，建于 2000—2013 年，该城区被隔离开来，与城市的其他地区没有连接，政府允许这里的公共住宅区沦为为贫民窟。

里昂的城市改造

公共住房的拆除是城市改造的一个节点。从 1970 年起，里昂郊外宽阔的沃昂夫兰地区逐渐沦为贫民区，20 世纪 80 年代和 90 年代，它成为暴力和骚乱的温床。自 2000 年起，政府采取了各种社会保障措施和治理措施，使其重回正轨。

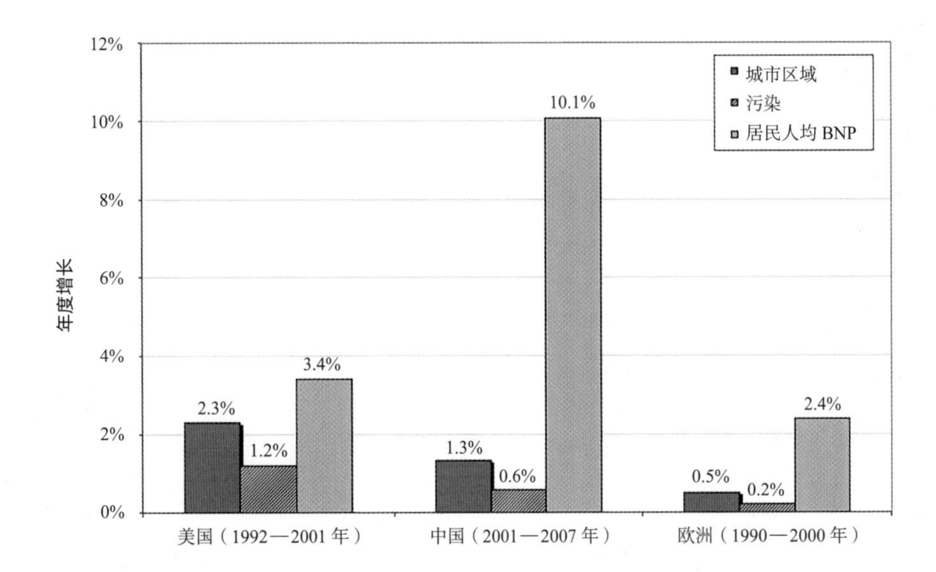

城市增长

美国、中国和欧洲，城市面积的增长比人口的增长更快。[34]

欧盟委员会的《城市环境战略》[33]中的一份文件指出，整体而言，城市扩张是未来城市和社会发展的最大问题。该文件阐述了下列失控的城市增长问题：

- 土地消耗和高产农业用地损失
- 生物群落的破坏以及景观和生态系统的破碎
- 绿地越来越少，离休闲区越来越远，生活方式越来越不健康
- 对汽车更加依赖，交通更加拥堵，通勤时间更长，空气污染更加严重
- 城市中心存在贫民窟，社会隔离，地区间贫富差距加大

这些问题只能通过更强有力的规划和控制，对各地区的土地利用进行管理，从政治上予以解决。这是一个巨大的挑战，不在本书的讨论范围之内。然而，本书的重点，从人性化的角度，通过城市空间和建筑物来讨论人口密集型城市的发展，是上述挑战的重要组成部分。

MAR
E & JESSE
ER JOE
AREA CLO
NO
TRESPAS

人本城市

发展人本城市是指城市复兴，需要为人的发展提供空间，注重历史文化底蕴，尊重过去的建筑传统，建造宜居的新城区。

引言

大城市的概念在扩大，向分散的、碎片化的大都市发展。城市的各个部分、各个地区都在不断地变化，改变着城市的特征。这个过程有不同的名称：变化、稠密化和扩张是其中的一部分。所有这些都涉及原有建筑、区域或关联地区的物理改变，并且遵循固有的经济和社会规律。然而，人们可以通过规划来改变这些，这需要城市管理部门与建筑承包商、住户和当地居民之间的合作。通过规划，城市为人们提供了更多的机遇，拥有更美好的前景。

然而，正如《历史概述》中所提到的，整个20世纪90年代和新千年伊始，城市规划一直处于被动状态，主动权往往掌握在私人开发商手中。工程一个接一个完工，许多地方就像一片单调的高层水泥建筑森林，周围被停车位包围。作为国际现代主义的一种糟糕的传承，城市空间消失了，城市生活的准则也遭到无视。近几年来，城市规划正朝着积极的方向发展，人们更多地关注传统的城市空间品质。一些措施是对新城区进行指导性的总体规划，对城市结构进行一些改进，或者对一些小型区域做出适宜性的规划调整。

本书意在探讨这些努力带来的积极意义。

传统意义上讲，应该加强发展人口密集、高度协调的人性化城市。其中的一些前提条件已具备。全球城市发展表明，人们搬到大城市的目的是工作和居住。必须对人口的增长进行统筹考虑，换句话说，这是一个动态

为人而建的城市？

北美的城市发展以高速公路、摩天大楼为主，封闭社区、购物中心随处可见。

上图：从高速公路上看到的加州奥克兰市中心

下图：巴拿马城

密集的有机城市

柏林航拍照片，建于 1900—1930 年间的居民区，协调性较高。图片左侧的小街区建于第一次世界大战前，战后柏林继续兴建比原来略大一些的街区。

摄影师：菲利普·莫伊泽

过程，它使城市规划既有意义又有必要，问题在于城市规划如何进行。

由于土地资源有限，为了保护农田和绿地，以及将交通成本降到最低，因此不得不提高建筑物的密度。能源和公共交通服务的集中供给，步行和自行车为主的慢行交通方式，教育、服务、文化和其他生活设施，都是建立在人口密集型城市的基础之上。

如果我们看看当今世界的城市发展，我们可以得出这样的结论：许多大城市的建筑物层数高、密度大，而在一些新城区，低层建筑正在失控般地向乡村蔓延，这两种方法都是不可持续的。在这两个极端之间，必须找到一个好的解决方案，以适应当地的发展需求。在任何情况下，城市密度都是一个需要考虑的重要因素。然而，城市公共空间的品质，其街道、广场和历史沉淀和环境等要素决定。它是人们对一个城市的印象和功效的决定性因素，是城市品质的核心内容。

关于人们对周围环境的感知，芬兰建筑学教授尤哈尼·帕拉斯马写道"建筑的物理语言把我们与世界联系起来，使这种联系有意义和价值。我们的眼睛实际上感受不到建筑的深度，它们促进了人们对外部世界感知和自我内心之间的交流，并为我们的感官印象和体验建立一个具体的知识构架。这就是建筑的核心所在。正如莫里斯·梅洛-庞蒂所述‘我们来这里不是为了观赏艺术作品，而是根据艺术作品了解世界’”。[35]

就城市空间而言，我们可以说，我们不关注建筑物，但是人们的生活又无法置身其外。封闭的空间使得人们的身体和思想能够对周围的人和事进行关注，从而使人们成为社会生活的观察者和参与者。相比之下，当站在高大的建筑物面前时，空间是开放性的，眼前的建筑物只能是审美对象。

现在我们已经开始讨论本书的核心目标。也就是说，一座人口密度大、高度协调的城市的公共空间——街道和广场——作为人们见面和逗留的安全场所，是绝对必要的。正是在公共空间中，儿童和年轻人看到了家庭之外的世界。城市中的学校和公司附近的场所是我们感受和界定自己与他人关系的地方，人们的认同感是通过与他人的交往而实现的，我们称之为社会化。因此，公共场所作为人际交往的舞台和人们碰面的地方，是理解他人并与他人相处的重要先决条件——是民主社会的一个重要先决条件，也是数字虚拟空间无法替代的。

关于城市空间与社会之间的联系，西班牙建筑师拉斐尔·莫内奥在接受采访时谈到了这个问题：“我认为是马克斯·韦伯把城市理解为一个市场，但我经常引用路易斯·卡恩的话，他说城市是孩子学习的场所，在这里，他或她可以学到自己未来想成为什么样人。我同意这一点，因为这与市场观念、职业观念、生活方式、希望成为什么样的人、在什么职业上投入自己的时间有关，而这一切只能通过与他人接触来学习。这就是为什么我不愿意谈论虚无缥缈的不与其他人接触的城市”。[36]

对我，本书的作者来说，正是在我去学校的路上，这个城市和住在城市里的人把我激怒了。我在哥本哈根的维斯特布罗区长大，家里有父母和哥哥。作为一个男孩，我喜欢穿皮鞋走路，这样我的脚就可以感觉到街道上用鹅卵石路面带来的凹凸感。我们家住在里温特洛斯盖德五楼的一间公寓里，就在火车总站对面，每天我从这里步行去学校。走到威斯特布洛盖德向左转（我母亲禁止我和哥哥靠近伊斯蒂德盖德，这是红灯区的中心），然后到达斯蒂诺斯盖德的学校，从学校我一眼就能看到威斯特布洛广场和圣乔治湖。六年级以前我每天都是这样步行上学，在这六年里，我对城市建筑和空间的热爱与日俱增。在我上学的路上，我可以在这个城市“舞台”

城市生活

在城市里，人们通过与陌生人的交往来认识和定义自己。

哥本哈根，威斯特布洛

威斯特布洛区的一部分，图中最上方，从威斯特布洛可以看见圣乔治湖和威斯特布洛广场。

上看到和遇到各种各样的情况。在火车站对面，我可以看到昏暗的铁路餐厅，那里散发出啤酒和烟草的味道，一直传到人行道上。穿过伊斯蒂德盖德遍布应召女郎和情趣商店的红灯区，大约 600 米，就来到了精品街威斯特布洛盖德。

有一家特别的店铺专售女装，当我母亲想买一件漂亮的衣服或外套时，我陪着她去了那里，懂礼貌又时尚的女售货员服务非常周到。我们学校的学生来自新教和天主教家庭，我们的老师是由天主教修女、僧侣和普通公立学校教师的组成。学生们因宗教教义而被分类，除此之外，我们还在一起，当时根本没人考虑到这有什么不同。简言之，我在一个很小的区域内，体会了不同类型人的不同生活。

在 20 世纪 50 年代末，我的经历在人口高密度的传统城市里并不罕见。不管社会地位如何，不同的群体和睦地生活着。在当今这个支离破碎的大都市，富人、中产阶级和穷人这些不同社会群体之间的隔离趋势很明显。城市规划不能解决不同群体之间收入差距的问题，但如何面对不同社会群体之间的隔离趋势上，住宅建设的一项重要课题。克服隔离趋势的阻力之一是将混合公寓、合作建房和更便宜的租赁住房有机组合。彼此相连的多层建筑比围起来的四合院在密度上更具优势。

总的来说，对大街上和广场上的人们来讲，高密度建筑物是他们城市生活的先决条件，因为如今城市里的人比过去少。1900 年时居住在哥本哈根旧城区的人数是现在的九倍，这是由于城市改造和住房标准的提高，人均分配面积更大。此外，城市的许多功能已从公共空间转移到私人空间。

哥本哈根大学就是一个例子。20 世纪 80 年代，哥本哈根大学的大部分校区从市中心搬迁到了阿玛格，就在现在雷斯塔德的边上，这意味着城内不少商家都遭受了重大损失，学生们以前在那里为街道、广场和酒吧增添了不少色彩。当然，在阿玛格，新校区的设施同样满足了他们的生活需求，但主要是在食堂和礼堂，与周围地区没有太多的关系，周围地区也没有老

老旧城市中的大学

把房屋分隔小空间作为宿舍。有些可以容纳多人，有些只能容纳 5 人。

新城市中的大学

宽阔、敞亮，建筑物之间没有连接，距离使得很难看清倒映池另一边的人。

城市空间

宽阔的人行道是城市中人们聚集和停留的最重要场所之一。行走的人们偶尔会在这里碰面，驻足交谈或观赏街景。图为柏林奥德伯格大街的一个非正式会议地点。

城区那样具有吸引力。此外，2013 年哥本哈根大学有 4 万名学生在校学习，有 10 万名学生在家通过互联网学习。随着互联网购物的兴起，也出现了类似的难题，这意味着在城市购物的人越来越少。总之，当我们谈论如何维系多彩的城市生活时，这些都是我们面临的问题。

高密度建筑物本身并不能解决上述问题，但这是我们未来有希望拥有多彩的公共城市生活的先决条件。人们可以在公共场所聚集，这是民主社会的基本原则。因此，在设计城市空间时，要使建筑物更加密集，要根据城市人口留出足够大的空间，以满足人们对城市生活的需求。在对城市中每一寸土地进行开发或改变时，我们都必须清楚地做出这些考虑。归根结底，我们必须创造有趣、安全的城市空间，供人们通行、聚会和停留。我们指的是城市中心、城市周边区域、区域中心和城市片区之间的直线通道。

幸运的是，近年来，人们对城市空间、广场、步行街和自行车道的规划越来越关注。是时候该关注建筑物和街道之间的共性，以及街道、路口和住宅之间更好的连接模式了。把街道变成有趣和安全的公共空间，这些案例至关重要。

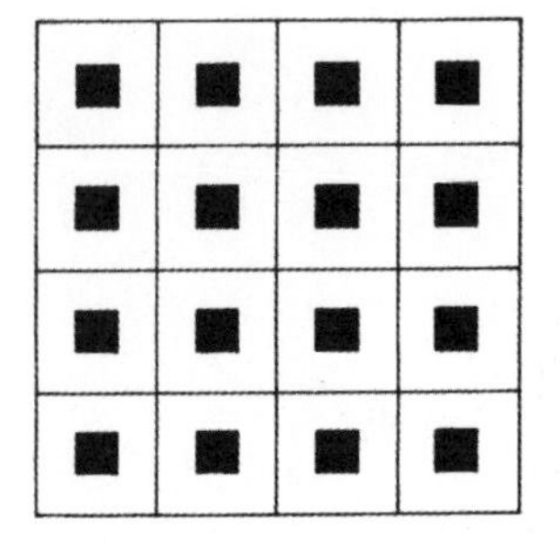
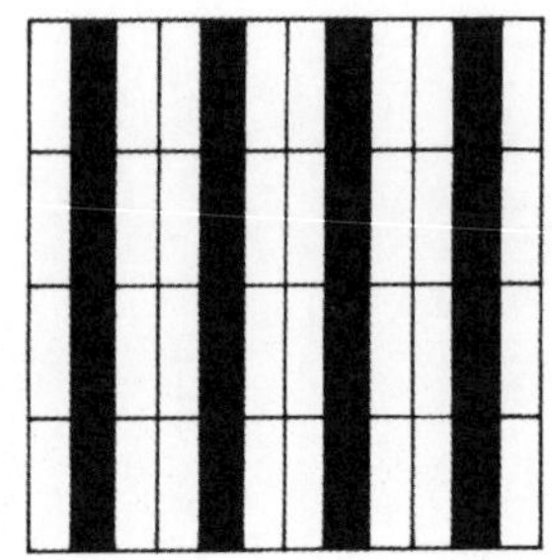

基本建筑形态类型

马丁和玛驰描述了三种基本建筑形态类型：亭型 / 点型、街道型 / 线型 / 排型和庭院型 / 街区型。[37] 从类型上看，亭型 / 点型建筑最极端的表现形式是摩天大楼；街道型 / 线型 / 排型建筑在郊区更常见；对当代人口密集型城市来讲，复杂多样的庭院型 / 街区型建筑，在城市生活和可持续发展方面具有很大潜力。

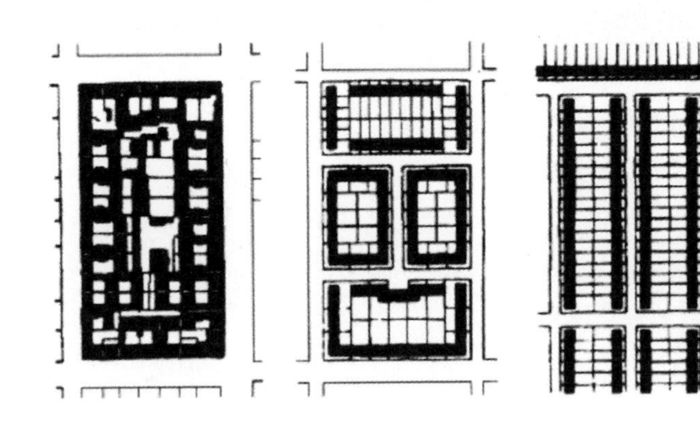

街区和排屋

20 世纪 20 年代和 30 年代，为解决城市中心贫民窟问题，郊区的排屋变得越来越重要。在 1930 年的一幅插图中，建筑师恩斯特・梅描绘了法兰克福市密集街区发展为独立排屋的情景。[38] 今天我们了解到，人口过剩和卫生状况不良是导致 1900 年许多欧洲城市核心区生活条件恶劣的根本原因。如今，这些地区已经成为最受欢迎的区域，并且成为激励当代人口密集型城市进一步发展的典范。

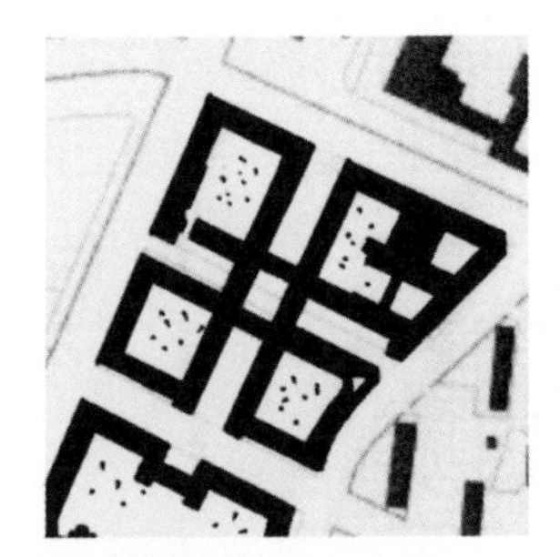

里特斯特拉斯北部，柏林，1980 年

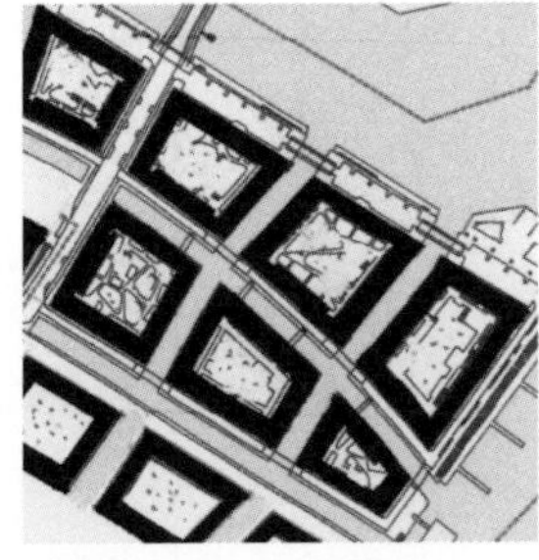

斯拉斯霍尔曼，哥本哈根，2000 年

卡尔斯贝尔比，哥本哈根，2015 年

聚焦城市空间

这些插图显示了如何创建不同的、人性化的密集型城区，所有这些都是受传统的高密度城市的启发。以城市公共空间为中心，形成了各种密集的街区、边楼、绿色庭院、通道等建筑物。此区域覆盖面广，密度大，人们应该走出去，充分利用公共街道和广场，充分享受城市生活。

回归人口密集型城市

许多欧洲城市正在向传统的人口密集型城市模式转变。很多人向往都市的服务业、工作场所、文化选择和社会氛围。同时，城市规划者也在努力减少通勤成本、缓解交通压力，并通过利用现有城区的资源来限制新区的合并。包括以功能多样化和提升集中度的方式，对建筑物进行改造和密度升级。但建筑物的楼层低、密度高的城市到底是什么样的？城市结构是由街道体系、地形和建筑布局所决定的。各种各样、隐蔽良好的公共街道系统是人们活动、实现美好生活无可争辩的前提，因为街道网络连接所有场所，人们据此进行活动。

小街区提供了关于建筑物和街道体系之间的一些数据：道路的最大比例、总的照射强度（建筑物立面至整个区域）、以及区域内最大人流量，这就是为什么简・雅各布斯认为小街区是一种激发城市活力的方式。除了街道系统外，还必须考虑建筑布局，根据土地利用强度、覆盖率、建筑高度、宽度、综合效能等因素，对建筑布局及其密度进行测量和评估。

为了使城市的街道空间更协调、住房的质量更高、人们的城市生活更美好，在进行城市规划时应遵循以下原则：

*土地利用强度*较高，可以释放足够的土地满足城市生活的需求。

*建筑布局的覆盖面*应该很广，以鼓励人们优先考虑和使用城市公共空间，它必须具有一些吸引力。

*建筑物的高度*必须进行限制，不能遮挡院子和公共空间的光照，同时可以避免高度的混乱。只有几栋高楼可以作为城市地标。

居民区附近的*空旷场地*和通往大型公园的道路要特别考虑有小孩家庭的需求。密集的建筑物和公园之间的呼应，成为城郊一道亮丽的风景。

为了建立一个宜居的生活环境，减少通勤时间，需要将住宅区、商业区、教育资源和服务资源进行*融合*。

因此，我们的目标是建造一座层数低、密度高的城市，建筑物层高普遍在 5 至 6 层左右。

上述因素必须与当地的建筑类型综合进行考虑。建筑类型基本上有三种：亭型/点型、线型（街道型和排型）、面型（庭院型和街区型）。这三种类型都可以在低层、中层和高层的建筑样式中找到。

虽然多层排屋在层数低、密度高的城市占有一定地位，但街区是经典城市类型的主要特征。街区的形式和大小各异，密度和覆盖面也大不相同，有的街区内

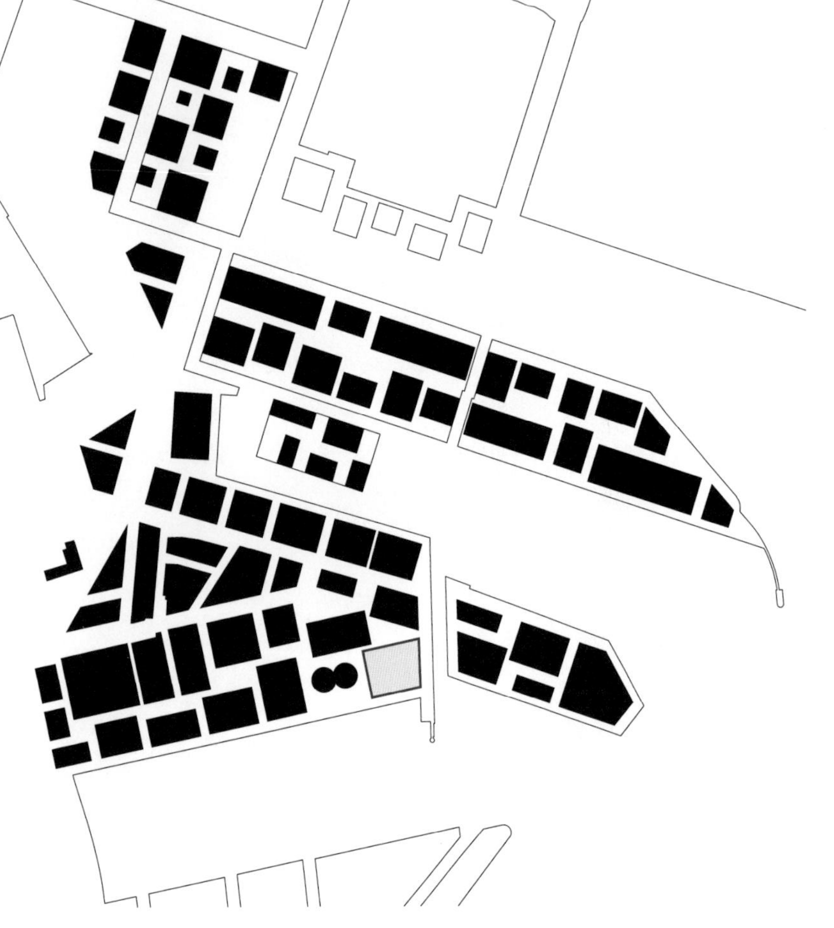

街区标识在对页有详述。

部带有绿色庭院，有的街区后方和侧方布满建筑。

人口稠密的传统城市可以通过其城市空间、建筑之间的空间来识别。建筑创造了可预测的街道和广场，周围有立面，入口门窗可以俯瞰城市空间。可以想象，街道和广场被建筑物环绕，透过建筑物立面的门窗可以俯瞰整个城市，这就是建筑布局。在一些城市新区，街区类型在构成、大小、形状、高度、大门和开口等方面可以有很多不同，街区内部需要宽敞、明亮，带有小型休闲区。街区可以由大型公寓楼或排屋、墙面较窄的联排别墅等建筑构成。决定性的原则是去创造城市空间，通过庭院、街道和广场，为人们提供安全、美好的城市生活。

人口密集型城市的建筑物之间存在各种复杂的关联。大到城市空间的

城市空间和街道体系

建筑布局决定了城市空间，建筑物之间的空间通过形式多样、高度协调的街道体系来体现。街区的设计原则是创造城市空间、街道、广场以及内部受保护的庭院。街区的大小取决于庭院的采光、建筑物高度和街区两侧长度，考虑到街道体系的变化和人流量，街区两侧不宜太长（见简·雅各布斯的《美国大城市的死与生》）。

诺德汉，哥本哈根

建筑师：科贝，斯莱思，波利弗

街区质量

上图：这幅插图展示了一个4—6层的现代街区，绿色庭院、屋顶露台和面向街道的狭窄边缘地带。

建筑师：曼戈和纳格尔建筑师事务所

左图：一楼平面图显示了通往街道的入口、两边都有光照的公寓和一栋大约9米高（5—6层）的建筑，庭院中有一片围起来的区域，三个角落处有些商铺。

建筑师：丹尼尔森建筑事务所

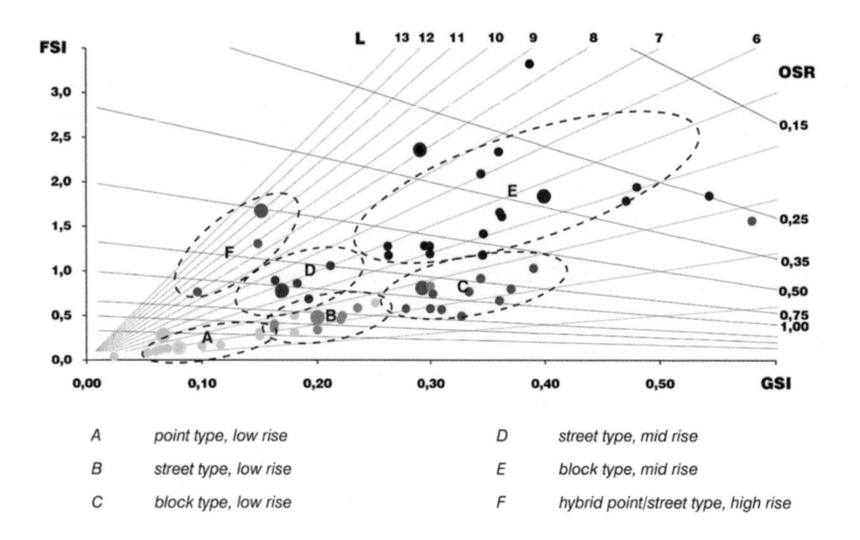

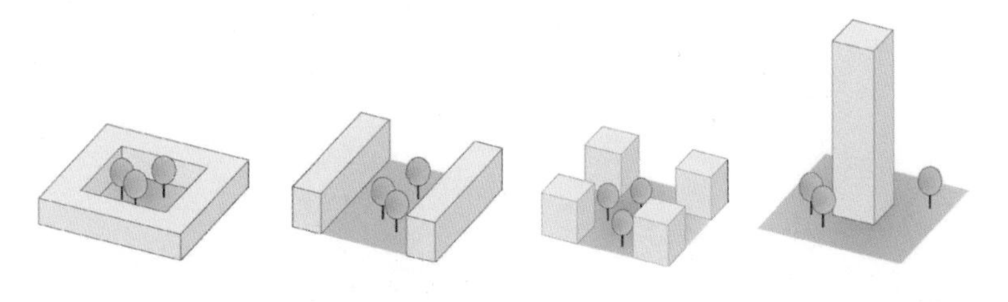

建筑类型学

上图：该图对不同的建筑类型作出对比，显示了土地利用强度 / 密度（FSI）、建筑面积 / 覆盖率（GSI）、层数（L）和空间 / 宽度压力(OSR)之间的关系。该图表现了这种观点：街区是层数低、密度高建筑最佳表现形式。

插图：空间矩阵 [40]

下图：面积和密度相同的四种建筑类型的图示，在建筑密度不变的情况下，街区类型不同，最低建筑高度也不同。

插图：城市空间景观

布局，小到内部庭院带给人们偶尔的惊喜，也是传统城市 DNA 的一部分。现代主义者最在意的是空间中的阳光和空气，而空间的舒适度、阴影和密度使人们可以感知自己的存在，这二者常常被人拿来对比。夜幕降临，视觉变化更加强烈，人的声音和交通的嘈杂打破了沉寂，使城市活跃起来，对层数低密度高的城市而言，风力状况和局部气候决定了这一切。

欧洲大城市的居民对居住在遍布历史遗迹的城区非常向往。2008 年金融危机后房地产价格上涨，证明了这一趋势。例如汉堡、柏林、斯德哥尔摩和哥本哈根，所有这些城市的旧城区，建筑高度普遍为 5—6 层。

几项国际研究对此观点表示支持，即人们重视传统的密集型街区和高度协调的街道系统。瑞典斯德哥尔摩的一项研究 [39] 阐述了人口密集城区的生活质量与房地产价格之间的经济联系。例如，在测量的几个变量中，如服务场所和公园周边，研究人员发现封闭街区的建筑和协调性高的街道系统提高了房地产价格。研究表明，建筑结构本身对人们准备以何种价格买

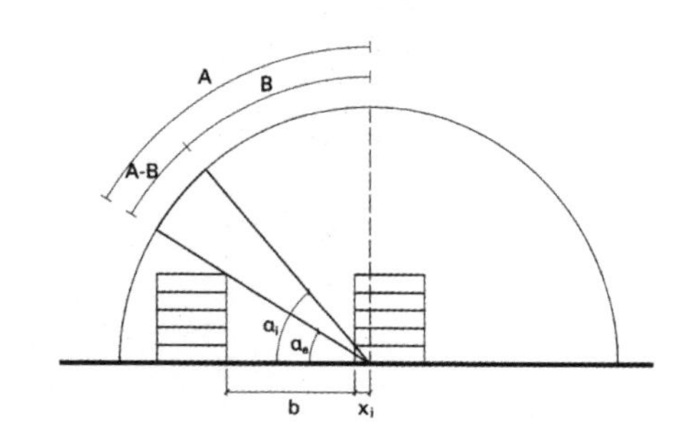

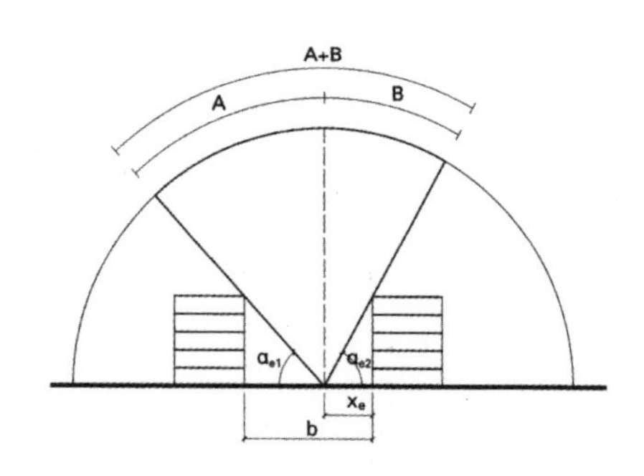

光线

这些图表展示了一个模型，如何计算城市空间和自由区域的光线（上图 A+B），以及如何计算照射公寓的额外光线（下图 A-B）。[41]

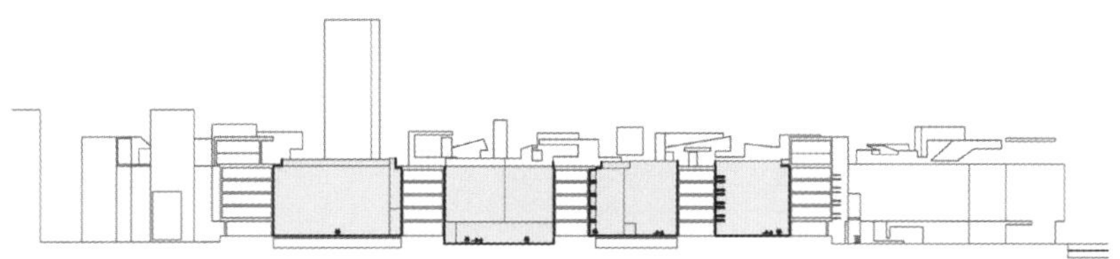

人口密集型城市的变化

在结构、空间布局、内部庭院，建筑与公园景观的对比方面，密集型住宅的规划方案存在很多变化。雷斯塔德南部，哥本哈根。

建筑师：恩塔西斯[42]

房有很大影响。封闭街区入口直对街道的建筑物价格比开放街区面朝内的建筑物价格更高。街区建筑有两个基本特征可以对价格差异做出解释，宽敞的公共庭院，以及更有生机的街道空间，当门和窗户面对街道时，人们认为更安全。街区与封闭的街道和广场一样，被建筑物所包围，从建筑物的门窗可以观察城市空间，这些区域比高层建筑区域和未定义区域（通常在晚上是黑暗的）更加安全。

高度协调的行人和街道系统，人们认为很有价值，因为在这里，人们能够感受到、看到其他人，并逐渐熟悉自己居住的城市。简单地说，一个协调性高的街道系统对空间进行了整合，人们既想看到他人也想被他人看到。[43] 美国的一个大型研究项目也表明，一个高度协调的街道系统会增加行人和自行车的数量。[44]

丹麦预防犯罪委员会[45] 最近的研究也证明了这一点。该委员会称，1947 年至 2013 年期间，报告的犯罪数量增加了 5 倍，这一负面趋势的重要原因之一是现代主义城市功能分离，内向封闭的公寓楼背靠街道和公共空间。市政厅得出结论，城市规划是预防犯罪的重要组成部分，因此它制定了保障公共空间安全性的若干要求和原则。所有这些都非常符合简·雅各布斯的观点，他说，城市的公共和平主要不是依靠警察维系的，而是由人们之间的自控和原则所构成的复杂关系网所维系的。

因此，正如简·雅各布斯所说，第一个原则是“审视街道”，这意味着人们与城市的联系和对城市的利用，以及通过门窗对公共空间和私人建筑进行观察和观赏是非常重要的。另一个原则是创建和定义城市区域的所有权，例如，建立半私有的外围区域，如门前庭院或公寓楼前的休闲区域，提高个人和公共空间的联接性和观赏性。更进一步的原则是整合各种交通类型。其他原则还包括，需要良好的照明条件和一些其他措施，创造宜居、安全的城市区域。

能源和资源消耗与人口密集型城市的建设息息相关。全球城市的二氧化碳排放量约占总排放量的 70%，而城市化还在持续进行，预计到 2050 年，城市居民数量将增加到 35 亿，城市住满了人，甚至尚未建好的城区也有人居住。人口密集型城市比扩张型城市消耗的能源要少得多。通过对人口密集型城市巴塞罗那和扩张型城市美国南部乔治亚州亚特兰大的比较表明，尽管这两个城市的人口数量都是 500 万，但亚特兰大的二氧化碳排放量是巴塞罗那的 10 倍。[46] 没有理由建立一个高层城市，层数低密度高的城市和层数高的城市一样密集。[47] 因此可以得出结论，层数低密度高的城市对人和环境都有益处。

本书中的例子说明了如何通过更新、改造和建设新区来维系和发展层数低、密度高的城市。实例说明了如何在不同的地方，根据当地需求和不同的建筑类型，努力建设充满活力、安全性高的城市，让人们领略城市的魅力。

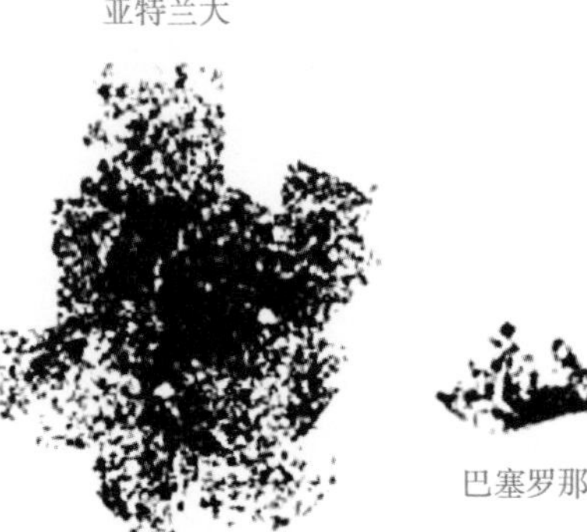

人口密集型城市的优势

亚特兰大和巴塞罗那都有大约 500 万人口，地铁轨道的公里数也一样。亚特兰大居民人均能耗排放量是巴塞罗那居民的 10 倍，而且 60% 的巴塞罗那居民可以容易地（不到 500 米）到达地铁站，而只有 4% 的亚特兰大居民可以这么做。

建筑物和空间

上图：哥本哈根市中心 19 世纪的建筑。建筑物与街道之间有通道相连，街道更具活力，更加安全。这些建筑包括住宅和商业建筑，这丰富了本地区的体验，增加了建筑使用的灵活性和建筑物的多样性。汽车礼让行人和骑自行车者。一切都更具人性化。

下图：2009 年，柏林在原址上修建的新建筑。

城市更新的 10 个主题

本书描述了一系列定义明确的主题案例，用于城市的更新。不同的主题如转型、提升密度在个别例子中会有重叠。为了使每个主题(或设计工具)都具有可操作性，需要用它们自己的方式单独进行描述。每个主题的定义及其面对的主要挑战都进行了介绍。

此外，每个主题关于城市生活和城市建筑方面的重点领域也进行了介绍，重点在于每个主题的外观及其构成环境。当然，透过经济、社会和资源状况的大环境，需要发掘更深层次的社会学基础。

下图显示了时间轴上的 10 个主题，说明了近几十年欧洲城市转型中总的趋势。这些主题的出现是对大城市发展的回应，不断对城市结构、居民生活水平和城市外观提出新的挑战。这些挑战，再结合当前的各种运动，需要职业城市规划师、建筑师及其他专业人士给予新的解答和关注。有些主题之间具有内部联系或存在共同之处。例如，对填充建筑的关注从 20 世纪 80 年代大多数欧洲国家的贫民窟清理转变为城市复兴等。

第 48 页的图表显示了不同主题之间的联系和密切关系。第 49 页的图表表现了城市生活、封闭城市空间、建筑、权益保护、地域特征、人际交往等主题的主要关注点。

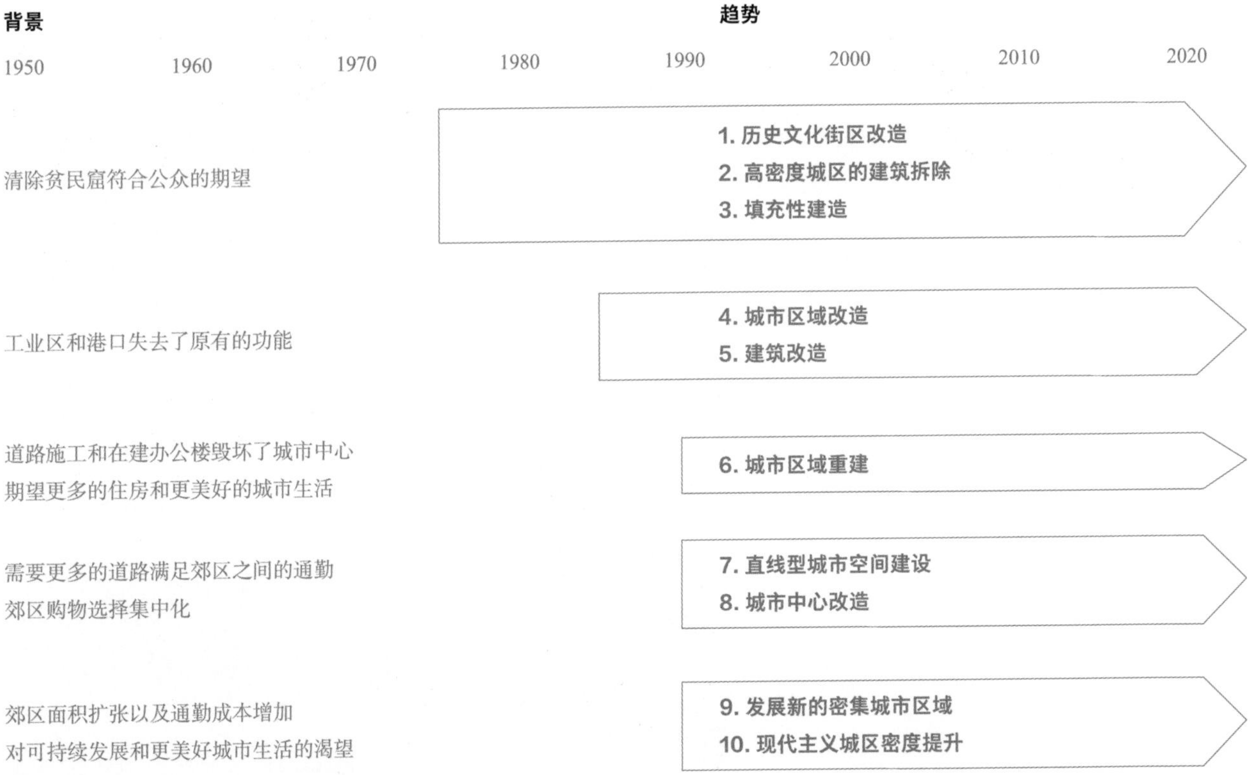

背景 **趋势**

1950 1960 1970 1980 1990 2000 2010 2020

清除贫民窟符合公众的期望

1. 历史文化街区改造
2. 高密度城区的建筑拆除
3. 填充性建造

工业区和港口失去了原有的功能

4. 城市区域改造
5. 建筑改造

道路施工和在建办公楼毁坏了城市中心
期望更多的住房和更美好的城市生活

6. 城市区域重建

需要更多的道路满足郊区之间的通勤
郊区购物选择集中化

7. 直线型城市空间建设
8. 城市中心改造

郊区面积扩张以及通勤成本增加
对可持续发展和更美好城市生活的渴望

9. 发展新的密集城市区域
10. 现代主义城区密度提升

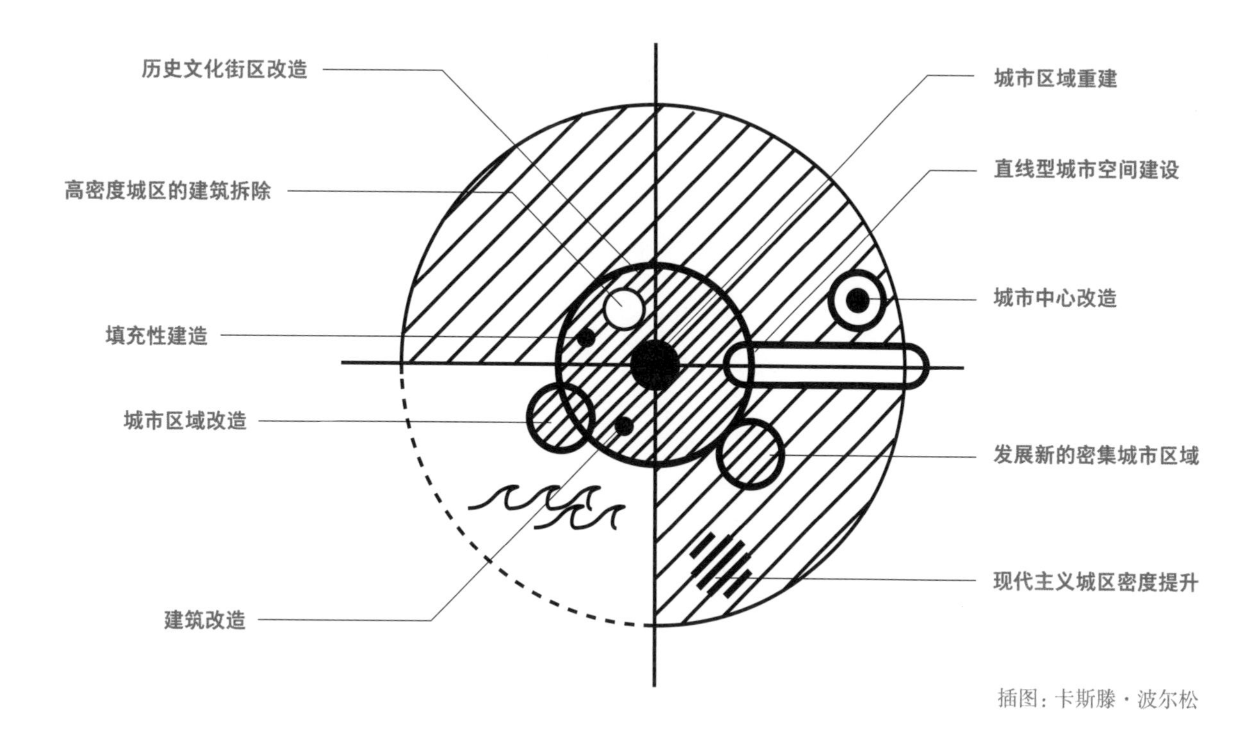

插图：卡斯滕·波尔松

城市更新的 10 个主题

1. 人口密集型城区的改造意味着，在保留原有城区的历史特征、建筑特征、建筑物比例、建筑高度的同时，对原有建筑布局的更新换代。
2. 对人口密度高地区的建筑进行拆除要重点关注建筑物密集的街区内建造的绿色庭院，这是改善有孩子家庭住房质量的一个步骤，还是维系城市生活的一个纽带。
3. 在填充地区修建建筑，要注重建筑物的统一性。这意味着单一的新建筑不能破坏整个建筑群的统一性。
4. 城市改造要关注原有建筑的历史地位和新旧建筑的相互作用。
5. 建筑物改造要注重使用新的建筑语言对历史古迹制定创造性的、实用的解决方案。
6. 城市重建要关注城市中心的个性、城市空间的舒适性和休闲性，城市重建时建造了更多的住房，带给人们更丰富的生活。
7. 直线型城市空间是指人行道和自行车道的连接区域，舒适安全且分布较广，人们可以在这里会面和停留。
8. 城市中心的改造是指在商业中心修建一些供人们会面和停留的场所，在大型购物中心关闭后可作为备用。
9. 发展人口密集型城区，街道的线路非常重要，住宅入口与街道连接，作为城市的延伸。
10. 现代主义城区密度提升主要关注土地利用强度、优质城市空间的创建以及对当地商铺、服务业和居民生活的维护。

城市更新的 10 个主题联系和相互作用	1. 人口密集型城区改造	2. 对人口密度高地区的建筑进行拆除	3. 在填充地区修建建筑	4. 城市改造	5. 建筑物改造	6. 城市重建	7. 建设直线型城市空间	8. 改造城市中心	9. 发展人口密集型城区	10. 现代主义城区密度提升
1. 历史街区改造		●	●	○	●	○	○	○	○	○
2. 高密度城区的建筑拆除	●		○	○	○	○	○	○	○	○
3. 填充性建造	●	○		○	○	○	○	○	○	○
4. 城市区域改造	○	○	○		●	○	○	○	○	●
5. 建筑改造	●	○	○	●		○	○	○	○	○
6. 城市区域重建	○	○	○	○	○		○	○	●	●
7. 直线型城市空间建设	○	○	○	○	○	○		●	○	○
8. 城市中心改造	○	○	○	○	○	○	●		○	○
9. 发展新的密集城市区域	○	○	○	○	○	●	○	○		○
10. 现代主义城区密度提升	○	○	○	●	○	●	○	○	○	

城市更新的10个主题

主要关注点

插图：卡斯滕·波尔松

	城市生活	封闭的城市空间	建筑	权益保护	地域特征	人际交往
1. 历史文化街区改造	○	○	◍	●	●	○
2. 高密度城区的建筑拆除	●	○	○	○	○	●
3. 填充性建造	○	○	●	◍	●	○
4. 城市区域改造	●	●	◍	◍	○	○
5. 建筑改造	○	○	●	●	●	○
6. 城市区域重建	●	●	◍	○	◍	○
7. 直线型城市空间建设	◍	◍	○	○	○	●
8. 城市中心改造	●	●	○	○	○	●
9. 发展新的密集城市区域	●	●	◍	○	◍	○
10. 现代主义城区密度提升	●	●	◍	○	○	◍

历史文化街区改造

对人文城市而言，历史是城市升级中不可分割的组成部分，城市更新必须从对历史遗迹的保护做起，因为这会对旧城区的结构、规模、建筑类型和高度、比例以及其他细节产生均有影响。城市更新中对历史建筑的保护，是保持城市特性的关键。

焦点

- 城市修复的指导原则是对古建筑的保护，包括对古建筑的翻新、改造、填补、修葺
- 保持完整性
- 保持城区的建筑品质和特征
- 建筑比例、高度、材料、颜色、质地和情调
- 维护历史中心以外的区域
- 了解和记录值得保留的内容

整个 20 世纪 70 年代，欧洲对古建筑文化的兴趣与日俱增，特别是在保护协调性高的城市环境方面。这是对战后建筑理念的抵制，体现在对新建现代主义建筑的拆除，以及将现代主义建筑随意建造在原有城区中。与此同时，人们热衷于对古建筑中的商业和服务业进行投资，这些古建筑的知名度和牢固性不断吸引着人们。城市正在成为每个地区特性和文化发展的象征，这种趋势一直延续到今天，所有自我定位较高的大城市都试图通过强调自身的特色来树立品牌，吸引公司和人们到来。老建筑得到翻修，街道和广场的特色得到保留，重新恢复生机。其目的是对原有建筑进行翻新和改造，并在空旷的地方建造新建筑作为填充。随着现有城区人气的增长，对街区的内部庭院和其他空旷区域进行改善的需求势在必行。规划者在原有城市进行改造时要全盘考虑这些情况。上述所有主题都是密不可分的——就像本书的章节一样。城市改造要注重对历史遗迹的保护，它是指对建筑物进行翻修和升级，优化建筑布局，拓展建筑空间，将新建筑与原有建筑融合，赋予旧建筑以新的功能，如何开展这项工作没有模式可循。

然而，有一个关键要素，那就是对古建筑的独特特征的考虑。城市已经发展了几个世纪，风格各异，正如每个城市的不同区域都有自己的特点、结构和建筑类型一样。重要的是，本着地域精神，在新建筑和当代建筑的相互影响而又不受现状的约束的情况下，在高度、比例、材料、颜色和纹理方面，需对古建筑的独特特征进行保护。

保留建筑特点

位于伦敦北部的伊斯灵顿以保留古建筑为荣，其正面独特的深色纹理的砖块、细微之处的白色涂漆，维多利亚式窗户，受到16世纪建筑师帕拉第奥的启发，这在18世纪的英格兰得到复兴。

建筑比例和材料

运河沿岸古老又狭窄的山墙房屋是阿姆斯特丹的缩影。对它的采取保护措施是维护城市品牌的核心所在，也是保持对世界各地游客吸引力的关键。虽然山墙房屋整体看上去似乎是一模一样的，但实际上每个建筑物是非常不同的。整体看上去相同，是因为在400年的时间里，这里的每一栋房屋，都是按照相同的比例和材料进行建造，每栋房屋之间的差异也是在统一的限定范围内。

我们必须警惕当前建筑国际化的趋势，这种趋势使全世界的新建筑看起来都一样。当我们以地域精神来谈论保护建筑物时，我们不仅指历史上的城市中心，也指19世纪和20世纪以来与城市中心的毗邻的地区，城市规划者应将这些毗邻地区放在更优先的地位；另一种情况是，在许多城市，特别是许多发展中国家的城市，出现了消极发展。小型的历史古城经过修复，成为旅游城市，其周围城区经过清理，建起了国际风格的高层建筑。短视的个人经济利益推动了这种发展模式，实际上，城市应该支持长期的经济利益，保护城市，提高现有城区的发展质量，造福于市民和游客，使城市变得更有趣、更多元化。

因此，认识一个地区独特的建筑特征，并决定保留哪些，提高哪些，这是非常重要的。因此，必须对每个地区进行了解、记录和评估。环境保护部门开发了一个名为“SAVE”的保护系统，这是建筑价值调查的首字母缩略词。这个系统一般用来了解和记录城市中值得保留的内容。[48] SAVE系统的目标是收集和加工有关古城市环境和建筑的知识，并评估其所收集的知识在建筑、文化和历史方面的特征和性质。SAVE系统提供了对城市环境、建筑物进行分析和评估的方法。

为了记录不同区域的背景特征，必须首先对形成当前城市外观的前提

记录资产

丹麦纳克斯科夫有一个保存完好的中世纪城市规划，里面有广场、教堂、排屋和狭窄的小巷，港口边有渔人小屋。这里的建筑类型和整个城市中心区的特色必须得到很好的保护。

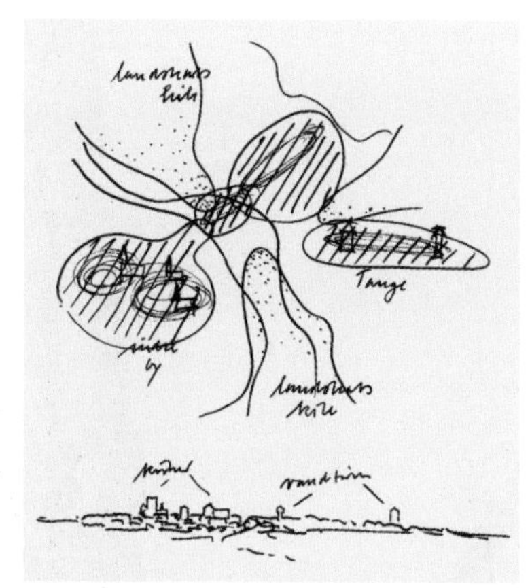

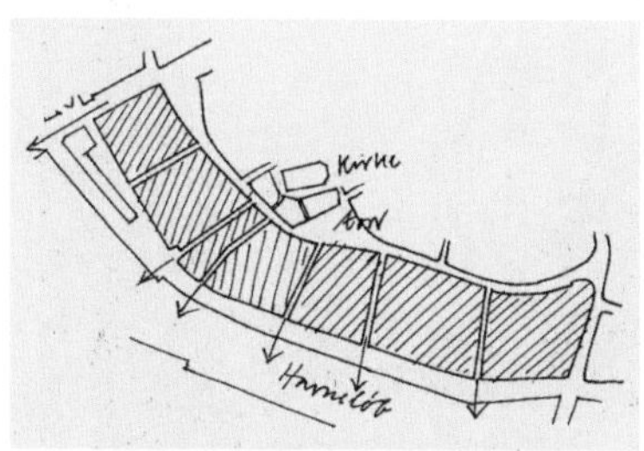

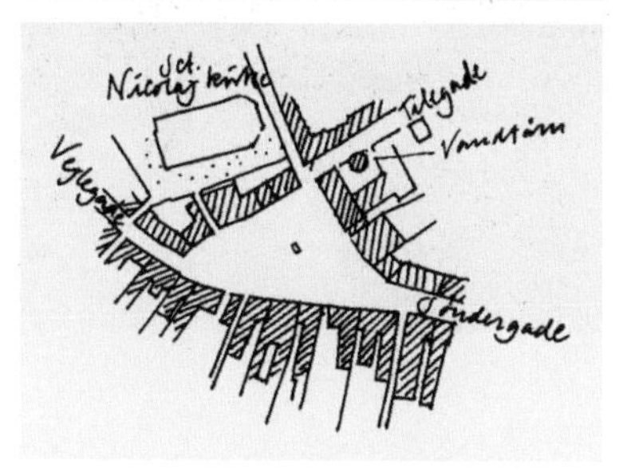

记录系统

SAVE 的记录系统用于分析和评估城市环境和建筑物。对重要建筑特征的描述可分为三种情况：1. 城市和景观的主要特征；2. 建筑模式和城市空间；3. 广场、街道、成排建筑物的局部状况。[49]

进行分析和了解。对重要建筑特征进行进一步描述非常必要，这可以分为三类：1. 城市总体布局与景观特色之间的关系；2. 城市布局中，整体建筑结构的空间表现力，即街道和广场的（或规划中的）立体形态；3. 对部分区域或细微之处的表现力，包括广场和街道、单排建筑物、正面临街建筑或独特建筑、小绿地或与建筑物相得益彰的水景。SAVE 系统是为城市规划部门、市民、利益团体而设计和使用的。虽然相对容易使用，但它需要更新的建筑地图，随着世界各地城市的快速发展，这显然不太容易做到。制定和更新地图是城市重建工作的关键。

下面的例子描述了针对不同情形，对城市进行保护和更新而采取的不同策略。

建于 18 世纪和 19 世纪的柏林*施潘道地区*，是住宅和商业建筑的混合体。这个例子说明了如何谨慎地对古城区进行改造，同时对现代化的建筑进行填充和增加新的绿地。

哥本哈根的*斯迈尔区和林德万区*，分别于 1900 年和 1920 年修建了相同类型的公寓楼。这些例子说明了如何在公众支持下对街区进行更新，以及对建筑物、住宅和开放区域进行现代化改造。

建造于 19 世纪和 20 世纪的布达佩斯市*第 8 区*，是住宅和商业建筑的混合体。这是社会、经济、城市从破败走向复兴的一个例子。对部分街道和广场进行战略性的重新开发，街道和广场的面貌得到了改观，这又刺激了由个人赞助的、其他建筑物的现代化发展。

柏林人口稠密的廉租公寓区大约建于 1900 年，1975 年欧洲建筑遗产年之后，柏林成为欧洲城市改造和廉租公寓区升级的案例。一个例子是位于克鲁兹堡的沙米索广场，下一章将介绍对人口高密度地区的建筑进行拆除的案例。1989 年柏林墙倒塌后，柏林市中心的改造成为人们关注的焦点，其目的是对原城市中心、其街道和广场进行重建。其中成功的项目包括对豪斯沃泰普拉茨街区和弗里德里奇维尔德街区的重建，修建了许多排屋，详见城市重建章节。另一个例子是施潘道地区的重建，施潘道地区的建筑都是巴洛克风格，住宅和小商铺混杂。然而，到 19 世纪末，该地区已成为一个贫穷的、被边缘化的地区。第二次世界大战后，此地区布满残垣断壁，一片狼藉，民主德国政府将其进行了清理。然而，在 1989 年柏林墙倒塌之后，政府宣布此地区具有保存价值，并在其后几年对它进行了现代化改造。

施潘道地区
柏林

老建筑物之间的新建筑

在过去的20年中，填充式建筑被用来填补成排建筑物之间的空隙。这是穆拉克萨斯12号的一座精美的新建筑，它的水平和垂直线条、细节处理和颜色搭配，就像两个老邻居在进行愉悦的对话，使街道看上去更加协调统一。

建筑师：阿布卡里斯和彭斯

如今，此地区大受人们欢迎，它以多样性、小规模的文化商业组合的形式，保持了对人们的吸引力。其核心是哈克西市场和翻新后的哈克庭院，哈克庭院靠后的八座建筑物包含各式各样的店铺、餐馆、剧院和宾馆等。施潘道地区是一个令人信服的例子，说明了历史建筑布局在重建战略方面具有很大的潜力可挖。这也是政府机构和个人投资者、重要基层组织之间进行合作的一个成功案例。

正如这些航拍照片所显示，开阔区域和运动元素被植入了人口密集型城区，但并没有牺牲城市空间的品质。迈入此地，人们的心情顿时感到非常愉悦，建筑和设计风格差异性，让不同建筑物使用的材质也各异。尽管这张街道图片显示，很多建筑物是为了填充而建，但它们的风格与周围环

包豪斯风格建筑克里琴斯

奥古斯特街 24 号前排的建筑物在第二次世界大战中被炸弹摧毁，后排建于 1913 年的包豪斯风格建筑克里琴斯仍然完好无损，克里琴斯内设酒吧和舞厅，它使人们想起了过去，将过去的生活和现在的生活紧密相连。

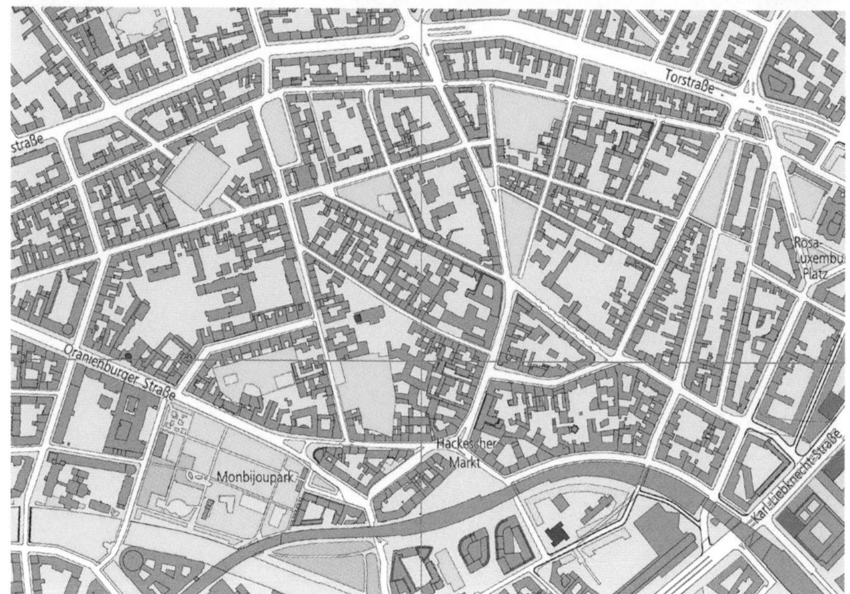

施潘道地区

本地区的环境让人心旷神怡，但其迷宫般的街道系统，又很容易让人迷路。其建筑结构的特点是占地面积小，其靠后的许多建筑和大片开阔地在第二次世界大战期间受到了轰炸。

境并无违和感，尤其是其高度通常被限定在 5 层左右。许多有着悠久历史和氛围的娱乐场所，如奥古斯特街 24 号的包豪斯风格建筑克里琴斯，其底层自 1913 年以来一直经营酒吧、餐厅和舞厅，二楼著名的镜像大厅是当地中产阶级开派对的场所，这些娱乐场所无疑增加了本地区的吸引力。

对街景的考虑

正如这些航拍照片所显示，现代运动元素被植入了人口密集型城区，但并没有牺牲城市空间的品质。

© 摄影师：菲利普·莫伊泽

新住房的质量

左图：对原有建筑物进行改造，在山墙上加上阳台，提高了住房质量。

右图：穆拉克萨斯拐角处的特色填充建筑，带有一个小的绿色广场。

施潘道地区

尽管行人和骑自行车的人数量在增长，但是车辆行驶井然有序，通行状况良好。随处可见特色商铺和餐馆。这是个好地方，是没有充斥着连锁店和旅游陷阱的步行街。

斯迈尔区
哥本哈根

建筑物密集区

弗莱德里克堡市的斯迈尔区是北欧建筑物密度最大的地区之一。从 1987 年开始，政府逐个对每一街区的公寓、空白地带、街道进行了现代化改造。

在 20 世纪 80 年代初，与其他欧洲国家一样，在城市改造方面，丹麦通过了新的法律，并越来越注重对建筑物进行保护，同时在制定决策时对公众的建议进行采纳。1987 年，丹麦开始对北欧人口密度最大的城区之一——斯迈尔区进行改造。从 1880—1910 年，这一地区逐渐发展成为一个人口密集的廉租公寓区，建筑多为 5 层公寓。

在 1987 年，当决定对此地区进行改造时，该地区存在有大量陈旧、过时的房产。一般来说，这些建筑的屋顶和正面都很破旧，几乎没有洗澡设施，甚至很多人没有自己的卫生间，而是与邻居共用后面的楼梯上的卫生间。供暖设备也

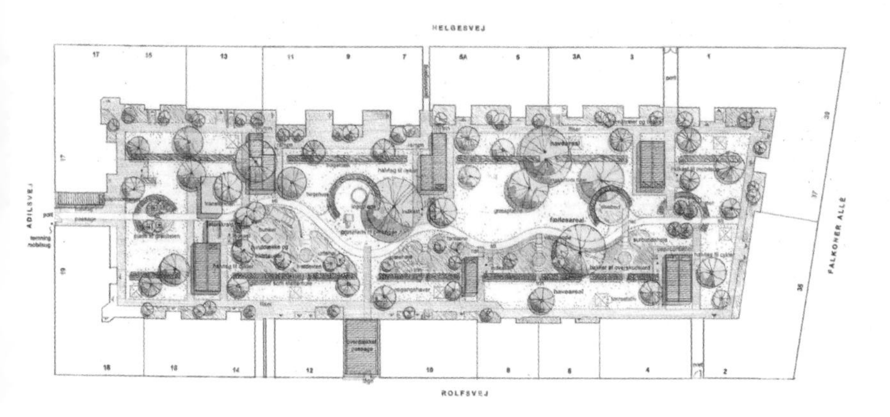

庭院

新的庭院设计了靠近建筑物外墙的半开放区域，人们可以聚集在一起参加烧烤晚会。中间是开放的公共区域，带有草坪，人们可以在草坪上做游戏、玩耍、晒日光浴，草坪还是一道景观。

建筑师：尼尔斯·吕琴

已陈旧不堪，因此市政府利用这个机会安装了区域供暖设备。

许多建筑是私人用于租赁的财产，越来越多的建筑被当地居民购买后作为合租公寓。市政府决定一次改造一个街区，改造以向本街区一些居民征集改造意见而拉开序幕。接下来，每一处建筑都收到了政府出资改造的工作提案。同时也为街区居民提供一个草案，开始对庭院进行改造。政府技术人员对私有建筑物进行登记，再制定改造计划。在这一点上，私有建筑的业主在与政府进行洽谈后，对改造工程进行接管，并与他们自己的技术顾问、建筑师和工程师一起实施项目改造。一个典型的建筑改造项目，包括屋顶和外墙的翻新、地

分流雨水

最近设计的庭院可以通过一个海绵绿地装置将雨水分流，引入下水道，该绿地具有双重功能，既可以分流雨水，又可以作为一个玩水的娱乐设施。

下室和下水道的改造、供暖设备、浴室和厨房设施的更换。新庭院建造的经费来源于公共资金，庭院建好之后，政府将成立一个办事机构，负责其后续的运营。

从 1987—2007 年，本地区 29 个街区中的 17 个都经过了改造。在城市改造的法规出台之后，3600 套公寓经过了现代化改造，其中很小一部分是私有建筑业主使用自有资金完成的。新的人行道、长椅和树木使得本地区的街道和小广场重新焕发了活力。街区的外部改造是在建筑物内部装修完工后逐步进行的，以避免脚手架和影响交通的施工对新路面和树木造成损坏。

在改造之前，该地区有大量的小型两居室公寓。为了增加适合家庭居住的公寓的数量，一些居室被合并或扩大，增加了新的设施，这种方式既对住宅进行了装修，又可以保证很长时间内这种装修不会过时。一些开放式山墙安装了附加设施，部分庭院侧面安装了新的玻璃隔挡，但是临街建筑外墙一般不得随意改装。各种不同的附加设施在本地区随处可见，建筑技术在许多领域得到了应用，比如用在浴室、厨房、玻璃隔间的组装技术。一个重要的观点是，在城市改造时对历史建筑的保护方面，不仅体现在对历史的记忆和对传统工艺的传承，更

街道

该区域经过改造后，政府采取了一些措施使交通更加顺畅，同时，新的人行道、树木和设施（如长椅、垃圾箱、自行车架和照明设备），增强了街道的视觉效果。

插图：弗莱德里克堡市

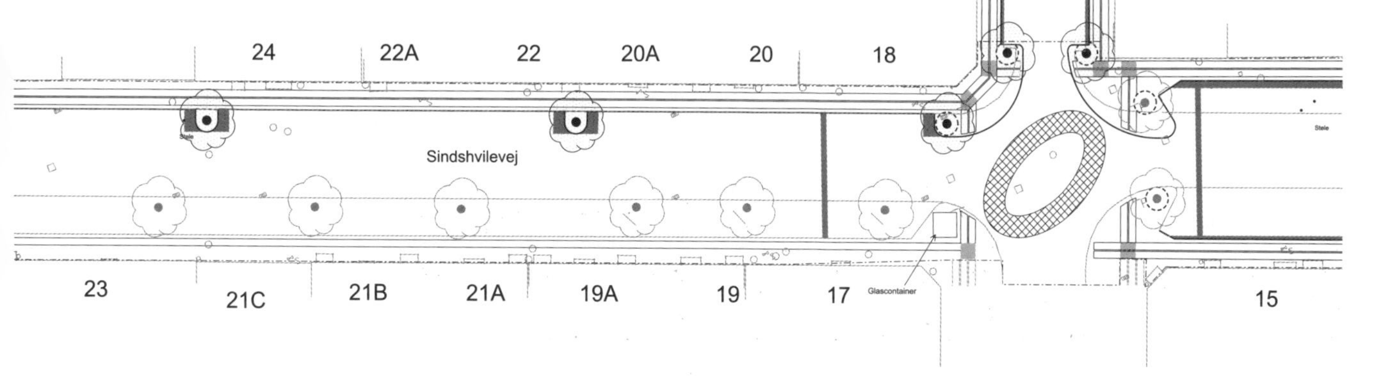

重要的是使用新的方法和技术，更好地对其进行保护，并使其适应时代的发展。

附属设施

在庭院外墙上安装附属设施，是将厨房、浴室与现代设计中的新技术相结合的一种方法，与现有外墙的纹理效果形成对比。

建筑师：波尔松建筑师事务所

带有组装元素的建造系统

建筑物的一部分被拆除，为起重机安装新设施腾出空间：地板、墙板、组装好的浴室，然后安装玻璃 / 铝墙面，最后安装厨房。[50]

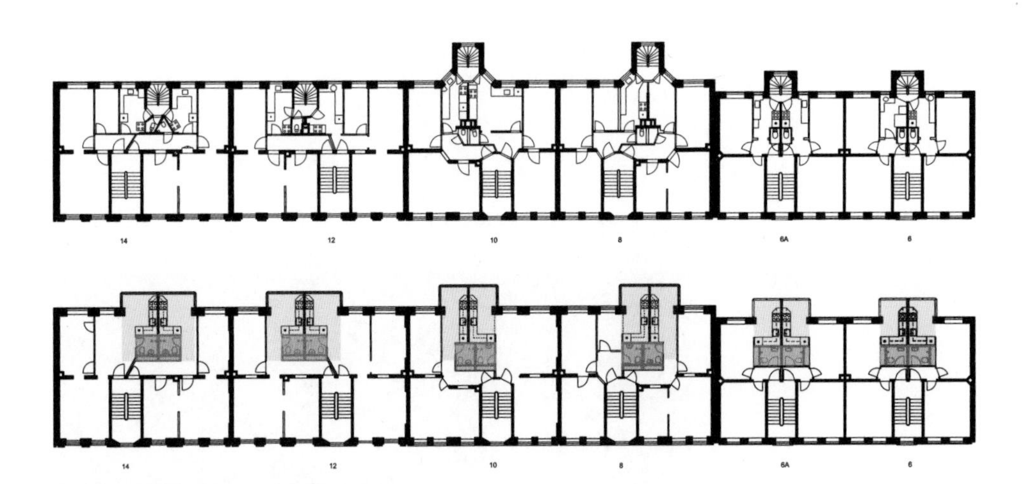

X 压力建造系统

图片显示了赫尔格斯韦 6 号至 14 号的建筑物在改造前（上图）和改造后（下图）的对照，改造后的建筑物增加了附属设施。橙色部分为新的工业生产核心区，带有浴室和厨房。

建筑师：波尔松建筑师事务所

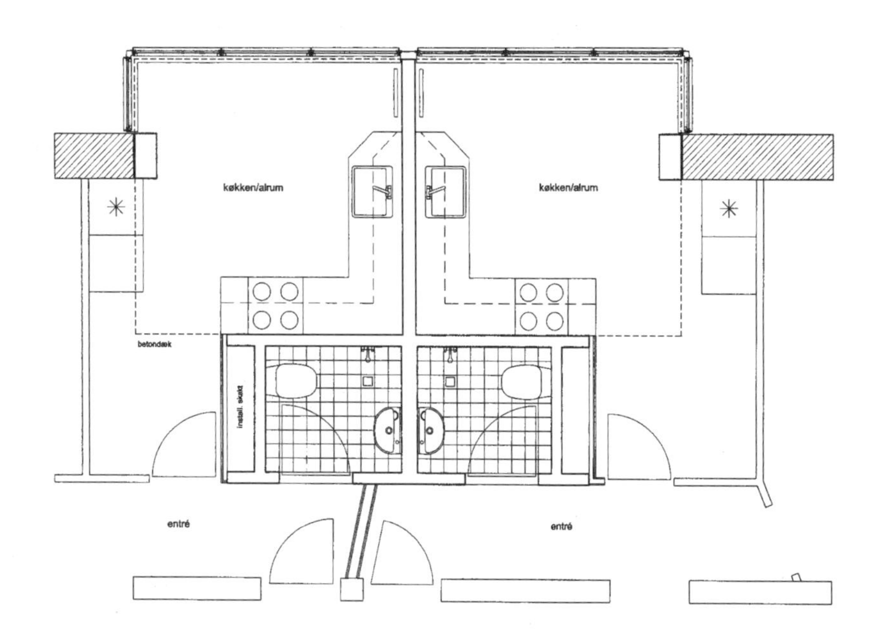

附加模块

上面是一个附加模块的平面图，下面的照片显示了带有用餐空间的新厨房。大量的阳光照射进玻璃墙。

林德文斯区
哥本哈根

古典街区的建筑物

古典街区的建筑物，从街道和绿色庭院内部都可以进入。这些建筑物形成了封闭的街道空间，通向邻近的小广场和林德文斯公园。

在经历了几十年的经济不景气之后，林德文斯区于 1998 年开始进行改造。该地区有许多建于 20 世纪 20 年代的新古典主义风格的租赁房产，其造型精美、细腻，非常具有保存价值。然而，其居住条件很差，许多公寓没有浴室，居民不得不使用位于地下室的公共淋浴设施。

这个被称为劳丽兹·索伦森·加德的街区非常破旧，因此政府选择它作为第一个改造的对象。屋顶和外墙都进行了翻修，配备了新的浴室和厨房，以前用来晾衣服的阁楼也被改造成了客房。该地区发生的所有变化，都是整体改造计划的一部分，也是政府政策制定和实施的基础。[51]

一台起重机把组装好的浴室放置到合适的位置，作为城市改造的一项战略，这一步骤旨在降低建筑成本，加强对原有建筑物的保护，而不是简

街道和庭院的区别

这些建筑建于 20 世纪 20 年代，造型精美、细腻，街道外墙统一，是典型的新古典主义风格，强调了建筑容积率在保持街道空间均衡中的作用。街道外墙受到保护不能随意改造，人们开始在庭院的外墙尝试建造新的阳台、天窗和电梯。

单的拆除和重建。

新的阁楼套房和一些由两个小公寓扩建而成的套房为本地区提供了更广泛的住房选择。在改造之后，所有的公寓都带有新浴室和厨房，许多公寓还有电梯通道和阳台。改造后仅仅一年时间，原居民的迁出率就从每年 10% 降到了最低水平，这是广大居民满意度的明确表达。

随后，其他公寓楼也按照同样的方式进行了改造。阁楼被改造成客房时，通过内部楼梯连接，整个公寓增加了额外的空间。这种全新的、非常具有吸引力的公寓有 125 平方米的空间，每层都带有浴室。经过改造，以前的阁楼房间还在面向街道一侧增加了古典风格的天窗，面向庭院一侧增加了带阳台的玻璃天窗。

阳台和电梯

在其中的两个街区进行了一项测试，测试每个楼层两户住宅入口的电梯与其附近的阳台之间的关联。此处的阳台既是入口，又是居民的室外空间。

建筑师：波尔松建筑师事务所

绿色庭院

庭院里阳光照射最佳的角落被当做游乐场，摆放了长椅。此外，还有自行车棚、婴儿车和生活垃圾收集站，还有一块凹进去的地方，通向洗衣间和人们聚会的场所。

街道和城市空间

街道空间和广场经过了修整，交通顺畅，周围有树木环绕，还配备了现代化的照明设施。

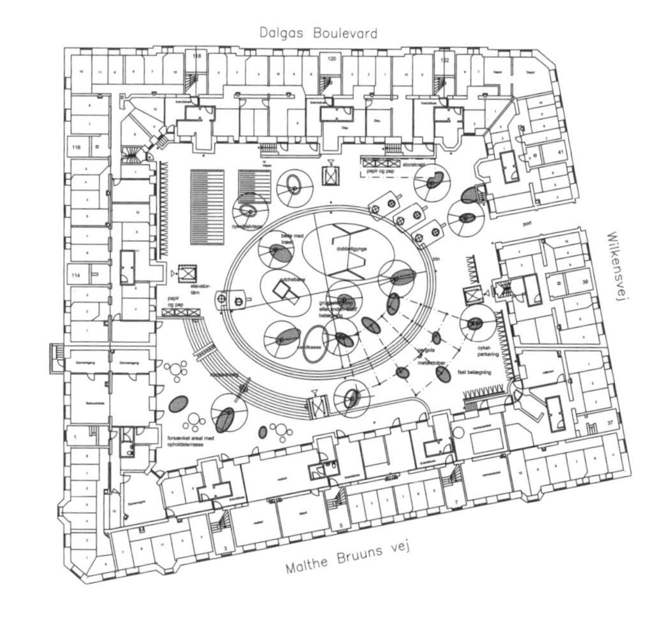

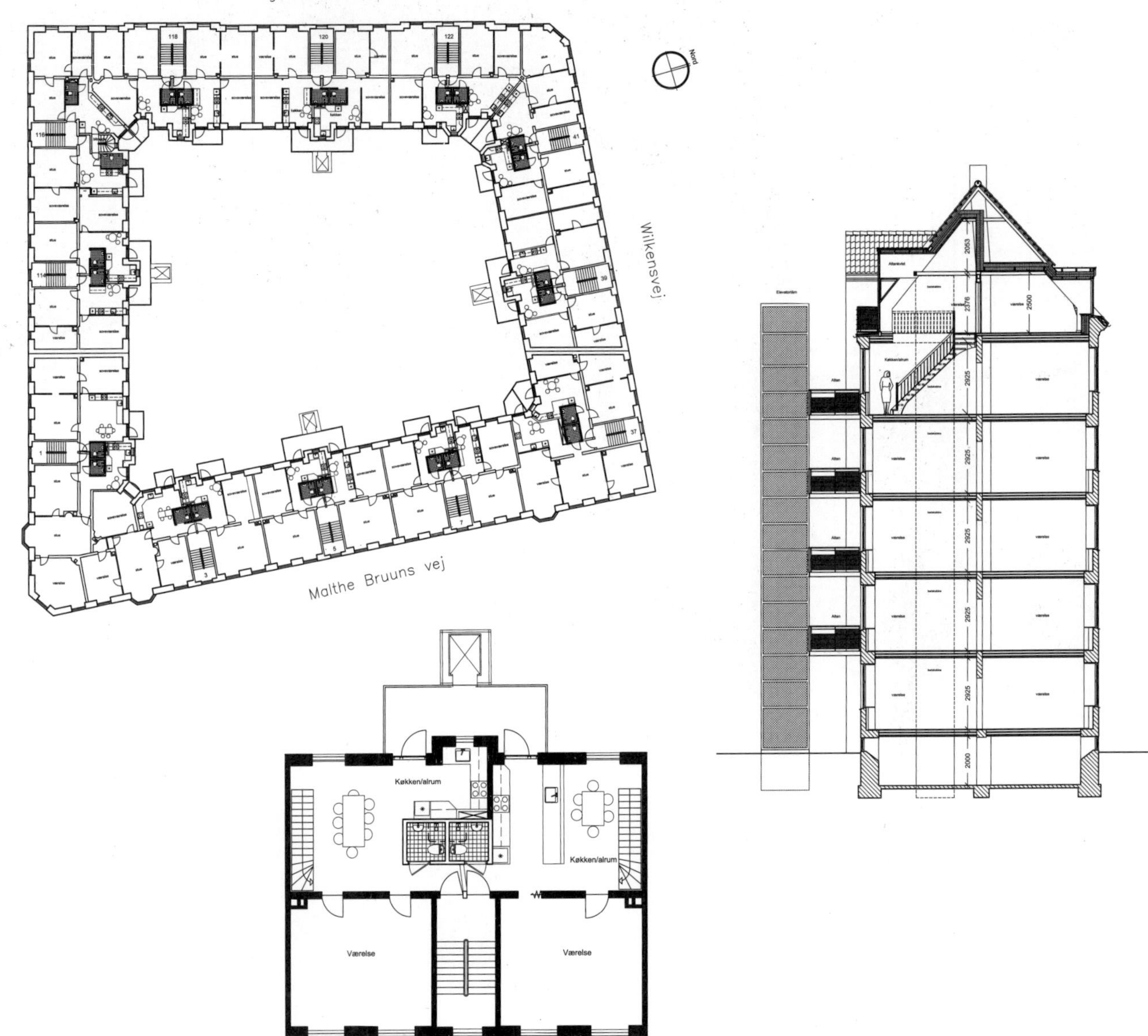

新的阁楼套房

这些照片展示了马耳他布鲁恩加德街区，以及一栋建筑物楼梯入口处的水平和垂直部分。通过内部楼梯，阁楼与五楼的两套公寓连在一起。

建筑师：保尔森·雅克泰克特

设施升级

阁楼套房装修后设施升级：屋顶露台、大型厨房、带有玻璃天窗的阁楼空间。

第八区
布达佩斯

一个安静的广场

这座古朴的广场被两边的建筑所遮蔽，给人一种愉悦的感觉。没有人急匆匆地赶路，人们来到这里，坐在长椅上放松。

近年来，布达佩斯一直致力于城市中心的改造和完善，包括主要街道、步行街、自行车道和广场。然而，焦点却集中在城市中心的外围地区，包括第八区，城市中心的东部，欧盟基金使得该地区的全面升级成为可能。第八区建造于 19 世纪和 20 世纪，是居民区和小商圈的混合体，建筑物多为三到五层楼高，人们多年来一直在与环境恶化和不断积累的社会问题做斗争。第八区的改造值得城市改造项目规划人员和建造人员骄傲与欣喜，这一点在对第八区参观后就很容易理解。

为了做好规划，实现本区域全面复兴，由布达佩斯市和第八区地方议会推举代表，成立了一个新的有限责任公司，并由其给予财政支持。该公司被称为“第八区复兴”，其任务是将公共利益与市场方式相结合，综合运

正在进行改造的街道和广场

街道和广场的改造，促使很多私人业主开始对建筑物外墙和室内进行装修和升级。这种适度的投资具有很大的影响力，因为整个地区都在慢慢进行改造，使得本地区变得更有活力。

用金融、社会、城市规划和建筑方面的专业知识，最终与涉及改造的居民开展对话。2014 年，该地区在“社会和城市修复”方面实施了一个 15 分的项目，该项目致力于为不同文化、不同时代和不同社会背景的人们创造一个可持续发展的区域。新建的社区中心为年轻人提供社交活动，如迪斯科、卡拉 OK 和网吧，还为成年人提供创业培训和支持，成为促进当地就业的一项措施。

城市改造基于城市公共空间、街道和广场，从全局意义上进行改建。此类型的改造表明，一个地区正朝着积极的方向发展，业主对未来抱有信心，并开始对住宅进行现代化改造。虽然政府承担街道和基础设施（如下水道和供水管道）的改造费用，但业主必须承担内部庭院改造和浴室、厨房等改造的费用。大多数公寓都是共管公寓，这些都是 1990 年以后居民从州政府和市政府处购买的比较破旧的房产。

街道和广场

街道一条接一条的进行改造，旁边有树木、停车区、照明设施以及保护人行道上行人的护柱。

对具有保存价值的建筑物的业主而言，在对这些建筑物进行改造时，他们可以得到特殊的支持。这一做法与保护城市文化遗产联系在了一起，包括对 1900 年左右奥匈新艺术风格建筑物的保护，这起到了一定效果。匈牙利人对他们的历史建筑非常感兴趣，他们为拥有超过百年房龄的建筑物的业主建立了一个组织，名为“布达佩斯 100”。该组织帮助居民搜寻关于他们房产的历史信息。自 2011 年以来，每年都会举行一次开放式的展览，游客可以对改造后的老建筑物进行参观。2013 年，超过 18000 人参加了展览，这是一个好的现象，说明人们对保护建筑文化遗产的兴趣越来越浓厚，越来越对此表示支持。

对城市破旧部分进行改造的这一项目很有趣，因为这表明为了保护城市被忽视的文化遗产需要进行一笔巨大的投资，然而在欧洲以外的许多国家，对城市破旧区域都采取的是拆除措施，然后建造具有国际风格的高层建筑。该项目则是提高布达佩斯的旅游品牌，让游客觉得在这里旅游充满乐趣的改造案例。

质量和质地

高质量的设计和材料，低调的表述，这就是老建筑。

高密度城区的建筑拆除

对于人口密度高的城区，需要对其建筑量进行控制，或者对其建筑进行拆除，这通常可追溯到 19 世纪末 20 世纪初的工业社会早期，密集的住宅区散布在工业和贸易建筑的后方。在 20 世纪 60 年代和 70 年代，对这些密集的住宅区进行了大规模拆除，如今的重点是通过增加开放的区域和提供新的功能，如托儿所、老年公寓、服务业、为基层群众和企业家提供的特色服务等，实现这些人口密度较高地区的复兴。

关注点

- 在现有城市布局中，拆除部分建筑，保留户外小规模绿地
- 后方建筑、从属建筑物前设立绿化带
- 将开放区域与托儿所、本地其他活动场所、功能场所结合起来
- 将儿童和青少年的日常户外活动空间与本地的城市空间相互融合
- 大型公园之间互联互通，步行即可到达
- 附近可进行休闲娱乐的袖珍型公园

随着居民对城市核心区全面清理、建造大型混凝土塔楼的抗议，敏感地区的拆除成为焦点。在建筑业和住房协会的经济利益的驱使下，以及得到了政治上的支持，预制建筑或现代工业建筑得到了发展，以满足战后日益增长的住房需求。在 20 世纪 60 年代和 70 年代，预制建筑以单调的大型塔楼而告终，这些塔楼忽略了人们对建筑物之间的户外空间和生活的需求。20 世纪 70 年代，反对拆除政策、保护权益的抗议活动在欧洲与日俱增。

保留政策和拆除政策是同一个硬币的两面。作为全面清理政策的一个重要替代方案，保留政策不断发展，而在密集的城市核心区，通过对部分建筑物进行拆除，提高了人们的生活水平，在拥挤的城市生活和人们对阳光和空气的需求之间创造了新的平衡，这又与保留政策紧密相连。从拆除政策向保留政策的转变，首先是考虑到相关地区居民的意见，同时又得到了建筑师和其他利益相关人士的支持。

或许最著名的是 20 世纪 70 年代中期柏林的“占屋运动”，但荷兰、丹麦和其他欧洲国家也如雨后春笋般出现了类似的反对城市拆除运动。城市人口密集地区居民的抵制越来越强烈，这意味着大型混凝土塔楼只能放到郊区修建，核心城区日照和空气不足的缺陷只能通过细微的改善加以补救，如对最糟糕的贫民区进行全面清理，在城市住宅区培育开放式绿地。

功能主义者对日照和空气的偏爱出人意料，20 世纪 70 年代他们在很多城市建造了第一代庭院，由于他们喜好大面积的公共开阔区域，所有庭院后方和侧方的建筑都被拆除。在 20 世纪 80 年代的建造的下一代庭院

清理后的庭院，哥本哈根

庭院后方保留下来的建筑，被包围在一片静谧的绿洲中。注意建筑物的空间变化和其如何与街区融为一体。

哥本哈根的袖珍公园

城市架构限制了大型公园的自然延展。因此，为袖珍公园和微型绿地腾出空间是非常重要的。在这个案例中，绿色环绕，被保护的植被和供人休憩的座位，为人们繁忙的城市生活提供了很好的休憩场所。

城市中新的绿色空间，苏黎世

MFO 广场是一片位于郊区的新绿地，由工业用地转化为住宅用地。

中，公共空间的面积被缩小，允许修建小型围护区域和个人住宅附近的半私有区域。与此同时，为了维持不同类型的、小规模的庭院空间，保留其后方的建筑这种情况变得越来越普遍，而如今这些建筑都缺少供给。现在我们知道，1900 年左右工业聚集地区不清洁的生活条件主要是由于过度拥挤和缺乏卫生设施，而不是因为建筑密度高。[27] 如今，人们热衷于保护和改造庭院后方的建筑，将其用于各种用途，如住房、小店铺、作坊、社会机构，在一个有趣的、人性化的城市环境中，从各个方面来维系和创造各种不同的生活空间。除了街区内的开阔区域外，近年来，人们将焦点转向了街区密集建筑之间的袖珍公园和微型绿地，它们为城市中的人们提供了喘息的空间。

下面的例子显示了街区建筑进行拆除后的变化和为其配置的新功能。

夏米索广场地区
柏林

密度

1910 年，柏林的城区米特、威丁、弗里德里希斯海因 - 克罗伊茨贝格的人口密度达到了历史最高水平，每公顷 312 人。如今这些地区的人口密度下降到每公顷 110 人，是历史最高水平的三分之一。[52] 夏米索广场地区目前的建筑密度几乎与巴塞罗那的埃克萨潘地区相同（夏米索广场地区的建筑面积指数为 2.24，而巴塞罗那的埃克萨潘地区为 2.89，见第 42 页的图表）。

© 摄影师：菲利普 · 莫伊泽

20 世纪 70 年代，城市重建和拆迁运动的势头有所增强，柏林发挥了重要作用。当博洛尼亚、阿姆斯特丹和伦敦等城市还在致力于保护工业革命前的地产时，西柏林从 19 世纪末开始就处于保护工业建筑街区的前沿。

关于柏林城市改造政策的新目标，一个很好的例子是当时位于西柏林克罗伊茨贝格的夏米索广场地区。根据最初的改造计划，此地区 30% 的建筑将被拆除，特别是街区内部的建筑。在遭到居民强烈反对后，该计划于 1979 年被放弃，取而代之的是对原有大部分建筑进行保留和对其进行现代化改造，住宅和商铺混合在一起，非常具有特色和价值，经过改

造后，此地区的建筑得到维护和复兴。因此，夏米索广场地区以温和的城市改造而闻名，成为新柏林方式的早期代表，影响了德国和大部分欧洲地区的发展。

如今，广场周围的区域都是同一格调，安静的氛围、精致的街道景观和翻新的建筑物。广场本身是一片绿洲，中间有一个大型操场，操场周围是大树和供人休息的长椅，而附近的街区有一个供大孩子玩耍的游乐场。在每个街区内部，有供居民观赏的微型绿地和一些面积较大的公共开阔区域和野生植被区域。宽阔的人行道为咖啡厅和餐馆的户外服务提供了场地，这丰富了人们的户外社交生活。

游戏和运动的空间

这座城市的特色是1900年左右的宏伟建筑，其规模和造型都比附近老街区的建筑要大，可以从左边航拍照片的最上面分辨出来。尽管建筑密度很高，但在德国皇帝时代的公园遗址上，仍然有空间修建一个新的运动场和操场。

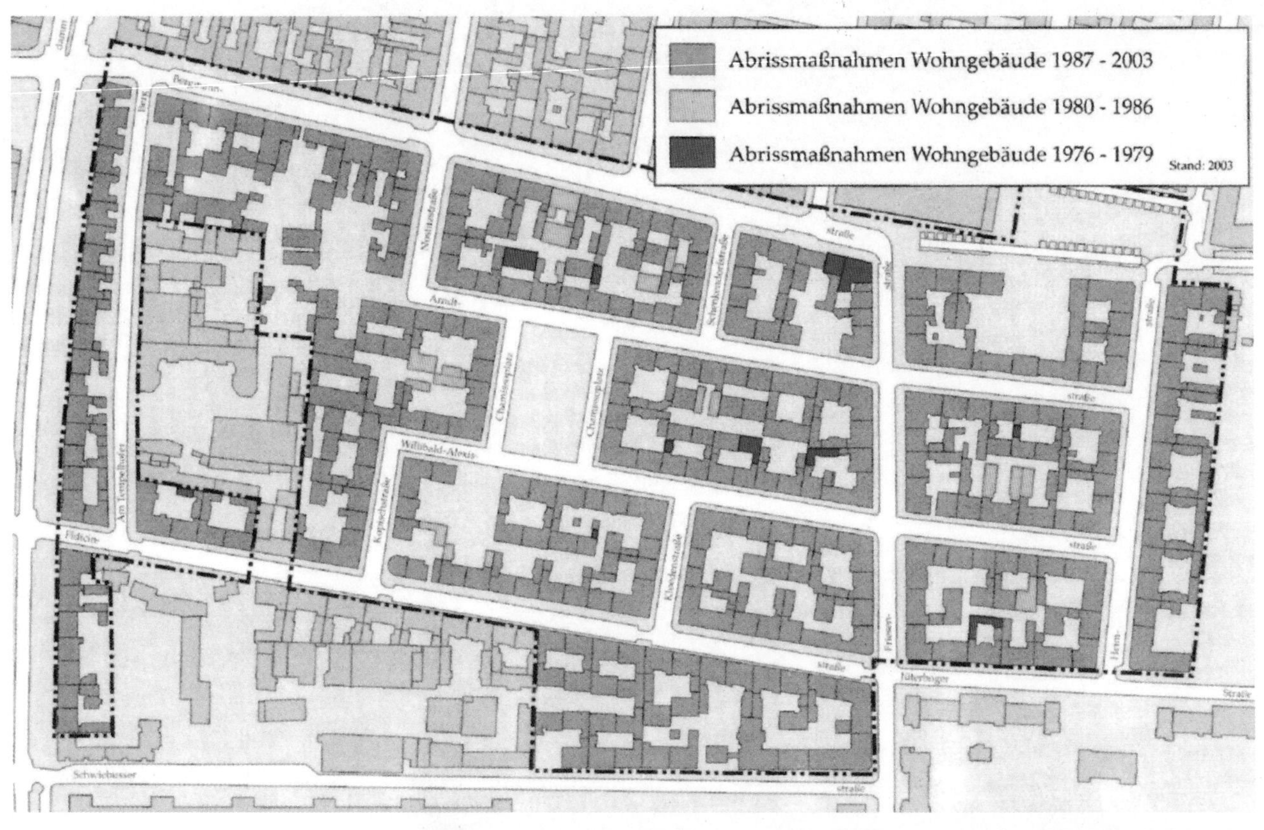

谨慎地清理

该地图显示了1987—2003年、1980—1986年和1976—1979年期间对建筑物进行的清理，首先是背楼和侧楼。平面图上对最上面的街区的清理，为修建新的填充建筑和大片绿地提供了空间，如右图所示。否则，就只能选择一些地点进行受限拆除，腾出的地方只够在温馨的庭院中修建一些小型绿地。[53]

绿洲

内部庭院的道路和地形变化很大。庭院内的建筑为这些变化提供了一个保护性的环境，与高度城市化和同质化的街道空间形成对比。

埃克萨潘地区
巴塞罗那

街区空间的重复使用

这张图显示了巴塞罗那埃克萨潘地区的网格状布局，可以看出图的底部是一座中世纪的有机城市。街区内新建的开放区域用绿色表示，新建的社会机构和功能场所用红色和橙色表示。每个街区的改造，产生了大量的填充建筑，这些填充建筑采用高质量的现代设计，遵循街区的一般建筑高度。[54]

像其他欧洲大城市一样，在19世纪后半叶蓬勃发展的工业社会下，巴塞罗那也开始迅速发展。塞尔达将巴塞罗那的街区设计为统一的方形，所有街区组成一个的网格状布局，街区内为五层的双幕墙建筑，对角线将街区一分为二。与豪斯曼对巴黎进行的城市规划时间大致相同，塞尔达的规划还包括修建新的直线型林荫大道，将巴塞罗那中世纪老城区隔开，但幸运的是，这一规划没有得到实施。

塞尔达的想法是将新街区的内部区域作为绿地。然而，工业的快速发展，使得街区内部被小企业、仓库和工坊占满，只留下小片区域供居民逗留或玩耍，这种情况一直到最近才有所改善。

近几十年来，巴塞罗那一直试图将工业和商业从市中心转移出去。然而

另一方面，越来越多的人，家庭、单身人士希望在市中心居住。这些发展趋势使得人们有意愿和需求，对塞尔达设计的街区进行清理，使街区内部拥有更大的开阔区域。与此同时，街区内陈旧的建筑被新的住房、社会机构和公共服务设施（如图书馆和老年活动中心）所取代。2000年，制定了一个各叫“22@创意街区”的战略计划，该计划包含巴塞罗那埃克萨潘地区110个核心街区。对于巴塞罗那来说，这是对原有建筑布局的结构转换进行管理的重要一步，因为直到1992年，市政府一直致力于建设开放的公共空间。虽然市政府有权自己这样做，但新的战略计划需要政府和民众进行合作。“22@创意街区”计划包含对原有建筑布局进行结构转换的指导原则，塞尔达设计的街区是随之而来进行的建筑布局转换的最小单元，这意味着每个街区的改造将从整体出发，保留开阔区域，调整新建筑的布局，改造具有保存价值的建筑，使有用的工业建筑发挥新功能，以及拆除不适合改造的废弃建筑。

该计划的目的是提高市中心居民的生活水平，使其达到现代生活标准。目标一部分通过提供住房、开阔区域和服务设施，满足现代家庭的需求来实现，另一部分通过关注新产业，为白领和熟练工人在原有建筑和新建筑中寻找

拥有水上公园的街区

托雷德拉圭斯，水塔区内郁郁葱葱的广场，广场内有一个大水池，是孩子们和大人夏季游玩的好地方。

就业机会，补偿其在旧产业中失去的就业机会来实现。

“22@创意街区”的灵感来自于其他一些街区建筑密度高的城市，例如拉美的一些大城市。在这些城市，传统房屋带有室内露台，而街区建筑是在传统房屋的基础上发展起来的，这就是为什么街区中间没有公共开阔区域的原因，他们缺乏这种传统。传统的一到三层建筑正逐渐被没有露台的、更高的建筑所取代。因为所有的地方都是这样做的，结果大量建好的街区都没有真正意义上的开阔区域。这种发展方式，降低了大城市核心地区的生活水平，比如新建筑的高度和风格因为缺乏规划，破坏了整个地区建筑物的整体性，以及新建筑无法与原有城市结构进行融合。

巴塞罗那的“22@创意街区”令人鼓舞，因为它维系了城市街道作为最重要的公共领域的地位，并且提倡在热闹的街区中，将新旧建筑的住宅、服务业、工业与绿地融合在一起。最后不能不说，该计划是一个好办法，因为它表达了强烈的公众意愿，为公共利益而进行城市改造。街区内的所有新绿地都与公共道路相连，并由公众对它们进行维护，就像城市的其他公园和广场一样。

以下案例展示了为满足不同街区整体规划的需求而做出的努力，这些案例非常复杂，如同外科手术一般。

开阔区域和新住宅

卡雷特拉安提加奥尔塔街区的开阔区域和新住宅，作为填充建筑而建。传统住宅上的百叶窗，是现代建筑的诠释。

保留下来的旧烟囱

圣安东尼奥街区新建的老年活动中心和开阔区域，以旧烟囱为中心，提醒人们记住庭院的工业史。这里仍然可以看见历史的印记。

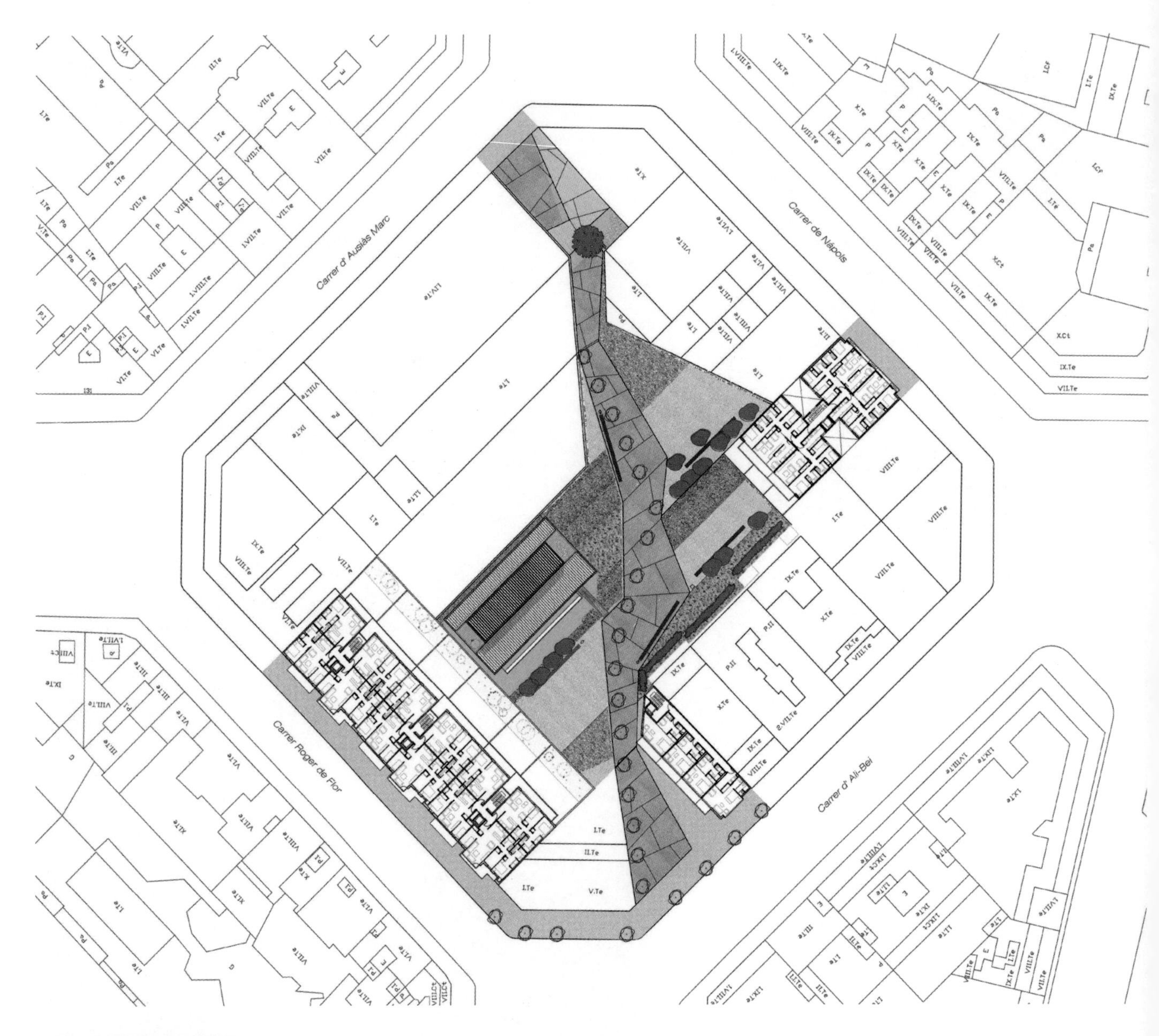

卡雷特拉安提加奥尔塔街区

陈旧的后工业建筑被拆除，原本那条横穿奥尔塔街区的倾斜的老路得到了拓宽，融入新的开阔区域。街区内部受保护的区域建立起一座社会机构。在其余三侧，作为填充建筑，崭新的高质量五层公寓取代了原有的破旧建筑。开阔区域的人行道具有多种用途：可供玩耍、停留或通行。

建筑师：卡洛斯和露西亚・费拉特工作室

倾斜的道路

一条有趣的、空间充满变化的道路穿过街区。

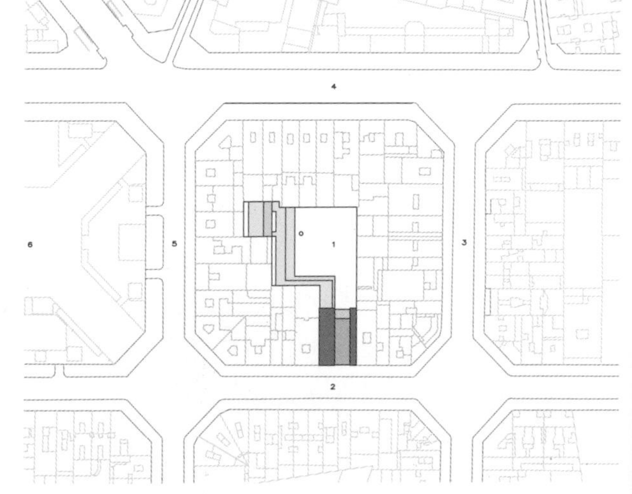

圣安东尼街区的图书馆

街区内部是开放性的，与图书馆和老年活动中心相连。图书馆是填充建筑，临街而建，通过一道精密的大门，可到达街区内部的老年活动中心和开阔区域。这个设计的初衷是创造一个充满活力的场所，让院子里打球的孩子们和进出老年公寓领取养老金的老人可以进行社会互动。花园里的树木和砾石路面，是图书馆里阅览室的亲密延伸。

建筑师：RCR 建筑师事务所

作为填充建筑的图书馆

图书馆是填充建筑，临街而建，通过一道精密的大门，可到达街区内部的老年活动中心和开阔区域。

哥本哈根的香蕉公园

公园被分为广场、丛林和游乐场，游乐场有一个黄色香蕉形状的银行，可以当做座位使用。离公园入口最近的广场有游乐设施和设备，其中包括一面 14 米高的攀岩墙，与黄色香蕉一起成为城市地标。

建筑师：诺德·雅克泰克特 / 舒马赫·兰斯卡布

香蕉公园
哥本哈根

当地的攀岩墙

当地的一家登山俱乐部已承担起维护和看管攀岩墙的责任。

哥本哈根的香蕉公园是为儿童和年轻人提供不适合在街区庭院内进行活动的场所。在一个建筑物密集的住宅区内，一块旧的工业场地被开拓出来，成为儿童和年轻人进行活动的场所。当这块工业场地被废弃后，附近的年轻人和本地托儿所的孩子开始将它当作游乐场，是时候建立这个城市里的世外桃源了。孩子们及时获得了这块场地非正式的使用权，某一天投资者来了，他们计划在这块场地建造公寓，当地居民向市政当局施压，要求他们购买这块土地，并在此建立一个供人们活动的绿色公园。香蕉公园是一个很好的例子，阐述了在一个建筑物密集的居民区里，如何满足人们对体育和娱乐的需求，为本区域经典的城市空间提供定义清晰的绿色元素。同时，这个例子也说明，居民为了满足本地人的娱乐需求而积极参与游说当局的重要性。

AL CONTADINO SOTTO LE STELLE
GALLERY
PARKSCHEIN-AUTOMAT
Hier Parkschein lösen
231

GALERIE
3
Milch
HALLE
Einbahnstraße
Mo - Fr
7 - 16 h
9-24 h
B OX 1116
smart

填充性建造

此处所述的填充建筑，是在保留历史建筑的基础上完善城市改造的纽带。在原有独特、和谐的城市区域，被荒废的单一建筑难以保存，此时填充建筑则可以发挥重要作用。填充建筑可由一个或多个建筑组成，其目的是将有特色且具有保存价值的城市建筑与高质量、布局合理的新建筑相结合。

焦点

- 与当地的环境和特性保持一致的填充建筑
- 与当代建筑融合，增强街景统一性的填充建筑
- 在街道上与相邻旧建筑对照的填充外墙
- 作为背景建筑的填充建筑
- 新功能满足当地需求的填充建筑

新建筑本身表现的是现代建筑风格，但对于城市整体建筑风格也很重要，因此新建筑虽有不同的外墙设计，但必须要与相邻旧建筑相呼应。这样的呼应则要求具有一定的一致性，允许有些偏差。问题的关键在于，新建筑要在整排建筑中起到相统一的作用。城市改造工程首先要考虑到历史建筑的保存，我们必须守护这些城市街区，旧的历史建筑无法扩建，但是建筑师们可以让这些历史建筑风格在新的建筑上得以显现。

以下的填充案例均为现代和当代的建筑表现、设计及细节，关于诸如规模、高度、颜色、材料、质地以及窗户与封闭外墙的关系，均与相邻建筑相一致。[55] 好的填充建筑是通过参考及模仿，以全新方式诠释旧建筑的典型特点和元素，实现新旧建筑群的统一，主要通过阳台、投影、不同的百叶窗处理和窗户样式以及纵横线予以体现。考虑周全的填充建筑还会顾及这个城市的其他部分，诸如一个地方的风土和特色，保护一个地区的独特性，不仅仅关乎建筑风格这一单个问题，还关乎建筑统一性和认同性，这影响到人们如何在城内活动以及如何利用建筑。当我们在城市内运动时，必然要记住当地的个性建筑、地标性建筑及导向型建筑；见凯文·林奇的“区域”概念，将一个地区视为一个独立的实体十分重要。这就是为什么建筑师在对有留存价值的旧建筑进行填充时，设计及选材方面应该十分小心谨慎，而不是随意在街区留下一些突兀的痕迹。在决定是否要给一个地方建造具有新特色的建筑，或者这个地方是否需要一个代表城市空间的物理结构的建筑之前，首先要了解这个城市的架构，这是前提。这种建筑被称为背景

莱切纳斯特拉斯，柏林

与全新诠释的柏林经典阳台凉廊主题进行对话的填充建筑。

建筑，不应该带有消极意义。认识到统一性十分重要，日本建筑公司 SANA 将新建筑视为周边环境的转换器，而新填充建筑在城市街景中的作用如出一辙。

填充建筑提供了良好的机会，可以增加本区域缺乏的新功能，特别是居住与商业需求，例如满足家庭、年轻人及老年人的需求，为其提供集体住房、社会机构或者相关服务。某些情况下，填充建筑成为扩建计划的一部分，具有一定优势，对于开放区域及道路、停车场、垃圾回收点与消防通道等问题更容易找到令人满意的解决方案。抛开规划区域的大小，要确保填充建筑的正面及入口与周围的街道网络相通，规划和建造填充建筑群可以提高生产力，减少项目开支。然而有时为了保护街道只需要修建单个填充建筑，如在单独的空地建造一栋填充建筑，或是对一栋年久失修的建筑进行替换。尤为重要的一点就是，不要因为经济利益而急于拆除那些本应被保留下来的旧建筑。

小型填充建筑面临的问题是其建造费用较高，原因可总结为以下三点[56]：1. 规模，中小型建筑在设计与建造阶段都没有提高生产力的空间，反而恰恰相反；2. 适应难度大，融入相邻建筑困难，以及在设计及建造阶段需格外关注下层土壤情况；3. 不便的工作环境，地处密集城区，车行与人行交通都是问题。因此对于城市更新以保留旧建筑为核心的，最好是能够给小型填充建筑给予特别的财务支持。

接下来分别是巴塞罗那和巴黎对废弃旧城区改造的填充建筑群案例，其后是在柏林、汉堡、哥本哈根破旧联排公寓区建造新填充建筑的案例。

与相邻建筑对话的填充建筑

比例和线（上图）。材料和颜色（下图）。

利贝拉区
巴塞罗那

区域建筑

新城市空间是圣卡塔琳娜市场前面的广场的延伸，经过 2005 年改造后，它成为一座建筑明珠。出于对原有建筑特性的尊重，旧的外墙被保留下来，市场上方建造了一个新的波状屋顶。建筑师恩里克·米拉莱斯和贝娜蒂塔·塔格利亚布对市场大厅的内装进行了设计。

利贝拉区是巴塞罗那中世纪时城市中心的一部分，被称为哥特区。作为年代久远、建筑密集的工人阶级聚集区，利贝拉区衰落了几十年，直到 2000 年市政府决定对此区域进行拆除，使其得到复兴。在巴塞罗那举办了 1992 年夏季奥运会后，中产阶级和年轻人渐渐开始回归城市核心区。

利贝拉区的城市改造在市政府和当地居民间产生了争议，市政府拆除了一个街区，打算建造成私人停车场，而当地居民则强烈要求建造一个绿色公园。最终，当局放弃了停车场，如今变成了一个可以驾车驶入的带有长椅、喷泉、运动场和树木的开放区域。此地区的其他部分，对只有街道和过道的老旧密集建筑群进行部分拆除，建造一些低成本的填充建筑是可行的。因此对本地区的城市改造，是拆除与修建填充建筑共同进行，部分

利贝拉区

该地图显示了旧的密集建筑布局，散布着狭窄的街道，以及新的填充建筑群：做标记的两个建筑，在下面的页面会进行描述。

旧外墙被再次利用，作为新扩张城区的基础。新的城市空间是圣卡塔琳娜市场前的广场的延伸，波浪屋顶上的彩色马赛克陶瓷砖与著名的西班牙建筑师安东尼奥·高迪的遗迹相呼应。圣卡塔利娜市场是既传承了旧地标建筑的原风格，又结合了现代建筑的优秀案例。

从圣卡塔琳娜市场走到新城区，尽管可以发现新建筑上一些细微变化，参观者依旧会被新旧建筑的融合所折服。

阿文达·弗朗西斯卡博的填充建筑

填充建筑物的外墙多样化。虽然颜色和纹理模仿旧建筑，但窗户开口和百叶窗图案是现代的。

外墙

建筑物外墙的比例和垂直划分与周围的旧建筑物相得益彰。

街道和街道设施 ▶

街道上有新的设施和树木，右边有一个城市自行车站。下图展示了用户自助型公园，拐角处有新的填充建筑物。

PARC

阿文达·弗朗西斯卡博的填充建筑

这座建筑直接与圣卡塔琳娜市场接壤，形成了一面新墙，一条新路通向从前的密集建筑区域。这是一幢复杂的建筑，它的后面重新建了一条狭窄的小巷，将现有外墙完美融入了车道和市场。建筑体量模仿古老的中世纪城市的复合短外墙。外墙用灰泥粉刷，质地统一，轻泥土色和高门窗镶嵌在旧建筑物上。街道上，建筑物之间留有小空间和通道，作为从大路到后面的住宅区的小路之间的过渡。

建筑师：B23 建筑事务所，路易斯·布拉伯，古斯塔沃·康特波米

新住宅

该建筑是低成本住宅，拥有电梯、三室和四室公寓，作为本区域大量两室公寓的补充。

综合性外墙

新建筑与老建筑无缝对接，其水平和垂直的投影、凹陷处各有千秋。

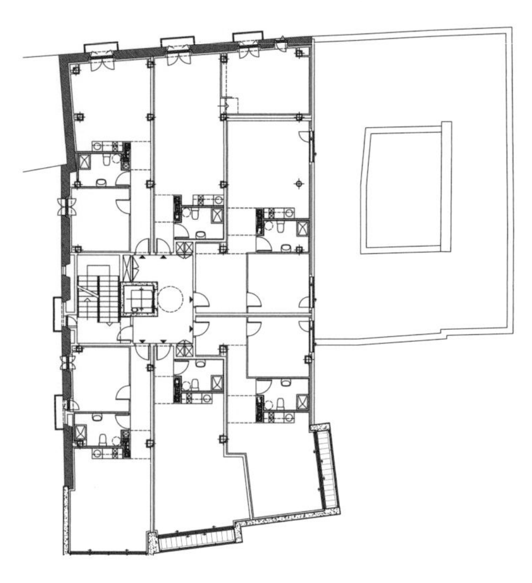

填充建筑卡雷尔·卡德斯

该建筑位于两个大广场之间，它是本地区城市改造和填充的一个连接点。最初的计划是对原有两座被认为具有保存价值的建筑进行改造。为了将新的细长开放区域划分为两个广场，对这里的建筑进行保留是非常重要的。实行该方案后，人们可以从公寓里欣赏广场两侧的美景。然而，进一步的研究表明，除了一些外墙外，这两座建筑物无法改造。最终决定在保留部分外墙的基础上，将这两座建筑物融合为一栋新建筑。为了避免给人一种大而单调的印象，建筑师将水泥墙一分为三分，使用砖块作为旧墙面的过渡，给人一种复合的建筑印象，与周围旧建筑形成交互。该建筑在一楼设有商店，而另外四个楼层共有 24 间小公寓，均可以欣赏到广场的美景。新墙前面是一个花园，种植了草药和果树，由居民进行打理。

建筑师：约迪加西斯

梅尼蒙特
巴黎

山顶上的填充建筑
依地势而建的小型填充建筑，标志着这个古老的巴黎工人阶级区正在进行的城市改造。

梅尼蒙特，巴黎第二十个行政区的工人阶级区，自 20 世纪 50 年代起就尝试了无数次城市改造。第一次改造是完全拆除，伴随着入侵式拆迁和混凝土砖砌起的高楼大厦，形成了现代建筑与废墟相结合，缺乏城市空间的拼凑体。当地的小商户搬走后，街区失去了灵魂，1974 年当局以不那么粗暴的方式再次尝试改造，然而因为缺乏当地民众支持，最终不得不放弃。

直到 1996 年，以较为温和的方式尝试进行城市改造的时机成熟，其他欧洲城市，尤其是柏林，进入了城市改造的全盛时期。巴黎市政府雇佣建筑师安托万・格鲁巴哈起草关于保留梅尼蒙特北部和东南部，以及拉雪兹公墓北部的提案。建筑师的工作方法是使当地居民组织和政府接受温和的城市改造，该方法旨在保留地方的特色，尊重保存的建筑物及其地方特征，认识

区域更新计划

更新概念包括对现有建筑翻新，对公共空间进行改造以及对新的填充建筑进行整合，以及对该区域的历史街道进行重建。

建筑师：安托万·格鲁巴哈

到城市景观是一块一块、一点一点地建造，每条街道都有自己的特色。因此，保留过去的痕迹非常重要，例如，鲁德斯帕坦特的三座古老建筑象征着当地的工人阶级历史，这三座建筑物经过翻新并改建成廉价住房。

新建筑尊重该地区的格局，同时满足时代需求。如停车场，新建筑在原有的街道系统上修建，街道陡峭的地形得到保留，新建筑与旧建筑融为一体，花园和绿色庭院更使其增色不少。

总体规划包含对 8 栋原有建筑进行改造和新建 10 栋填充建筑。在总体规划的基础上，为了满足多样性，10 个不同的建筑师团队被邀请参与设计新建筑。建筑师“从精英中挑选，因为该项目致力于根据众多建筑法规设计不同类型的建筑”。每个项目都征询过本地居民和政治家们的意见，被拆除建筑物里的原住民都被安置在新建筑物中。

这个地区经过改造，保留了过去的痕迹，这对人们的认同感和记忆十分重要，这是一个经常在文学中描述到的主题。以下是 2014 年诺贝尔文学奖获得者帕特里克·莫迪亚诺的《废墟之花》中的一句话：“对我而言，随着时间的推移，整个街区已经与巴黎轻轻地脱离。在查理蒂体育场附近的拉米拉尔 - 穆切斯街尽头那两家咖啡

馆中的一家，自动点唱机播放着意大利歌曲，店主是一个罗马面孔的黝黑女人。夏日的阳光沐浴着凯勒曼大道与乔丹大街，在正午时分逃离，在我的梦中，我看到人行道上的阴影和建筑物的土黄色的外墙，那里隐藏着乡村的碎片，从此刻开始，它们属于罗马的郊区。”[57]

当代建筑

新建筑物从不模仿旧建筑物，它们在比例，垂直差异和变化方面总是不同的。

街景

新填充建筑的飞檐突出了带给人深刻印象的地形。外墙很简单，有经典的百叶窗图案，而底层标志着街区内新建筑物的到来。

吉普斯普拉茨
柏林

随着温和的改造和对建筑布局的谨慎拆除，填充建筑成为改造柏林街区模式的重要组成部分。从 20 世纪 80 年代到 90 年代中期，填充建筑由公共资金启动，并由国际建筑师如艾森曼，罗西和西扎通过国际建筑展览（IBA）进行推广。近年来私人融资的填充建筑物大幅增加，特别是在前东柏林，所有这些建筑都在街道线的框架和街区架构的高度范围内设计了独特的外墙。作为城市空间公共框架的一部分，独特的外墙宣示着 21 世纪初欧洲城市的复兴与发展，吉普斯普拉茨的新建筑就是一个很好的例子。

大都市的重建

三角形的吉普斯普拉茨是柏林市中心施潘道地区的一个绿色空间，其目标是重建历史悠久的城市，如前一章所述。在第二次世界大战之前，这个三角形区域是一个密集建造的区域：在航空照片的右下方可以看到少数剩余的建筑物。战争结束后，政府决定将该地区变成一个带游乐场和长椅的公园。相比之下，在对广场周围的边缘建筑物进行重建方面付出了很多努力，在历史悠久的小地块上建造的填充建筑，是重建的各色街景的一部分。航拍照片 © 摄影师：菲利普·莫伊泽

各种建筑

新建筑具有广泛的表现形式，在街道线和高度的框架内显示出独特的个性和巨大的活力。新建筑的底层是为商店和咖啡馆等外向型商家预留的。此外，为地下停车场的入口和出口留有空间。

建筑师：鲍迈斯特和迪奇

任何走在这个街区的人都会因建筑间的间隙被填补而感到愉悦。不是因为新的独特建筑，而是因为填充建筑重建了城市生活的框架，创造了一种城市空间的舒适感，让人们以自己的视角对周围的人和事物进行观察。

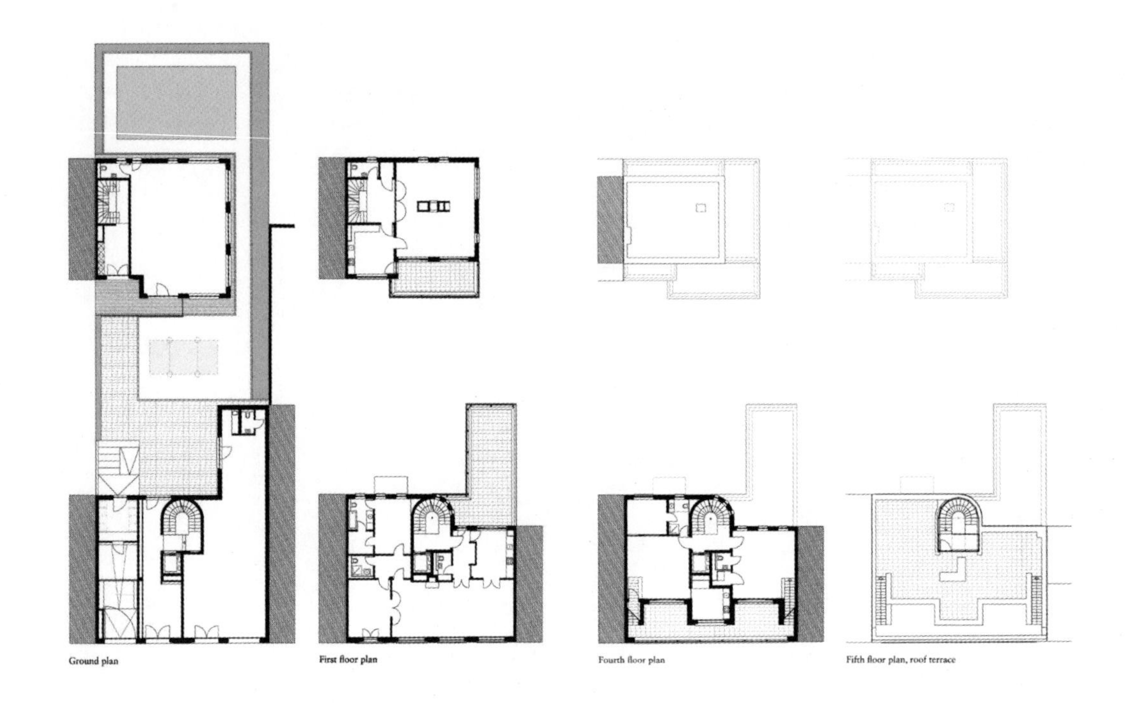

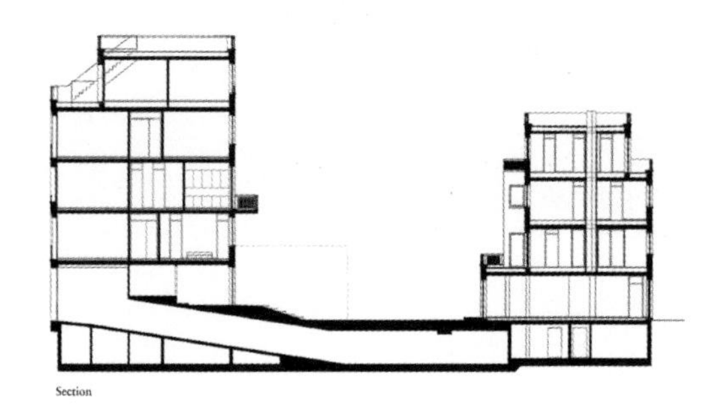

奥古斯特街 50 号

奥古斯特街 50 号的建筑面向吉普斯普拉茨的绿色广场。广场深处有两栋建筑物，前面的一栋面对街道，后面矮一些的那栋与公共地下停车场连接。前楼为 4 层建筑，带有嵌入式顶层。每层楼都有一套公寓。一楼右边是商店，而左边是入口，通往楼梯、电梯和后面的建筑，经过一个斜坡可通向左边的地下停车场。后面的建筑有一栋三层楼的公寓，底层有一家企业。交错的建筑体系，可通向所有三个楼层的晒台。前面的建筑师采用建筑手段，在右边的经典建筑和左边的玻璃幕墙建筑之间形成一座桥梁，这本身也是一个新的填充建筑。

建筑师：鲍迈斯特和迪奇

前立面图

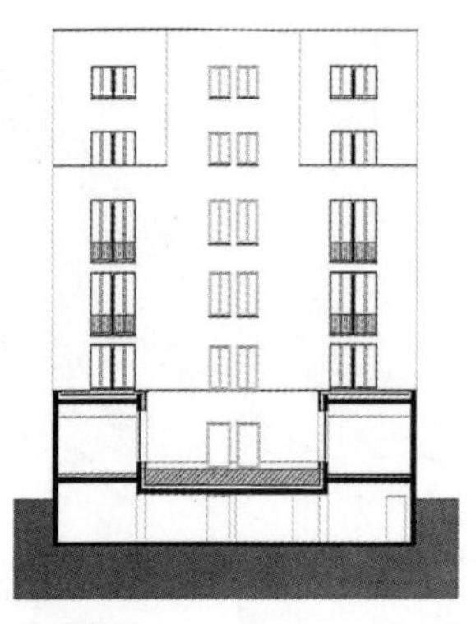
后立面图

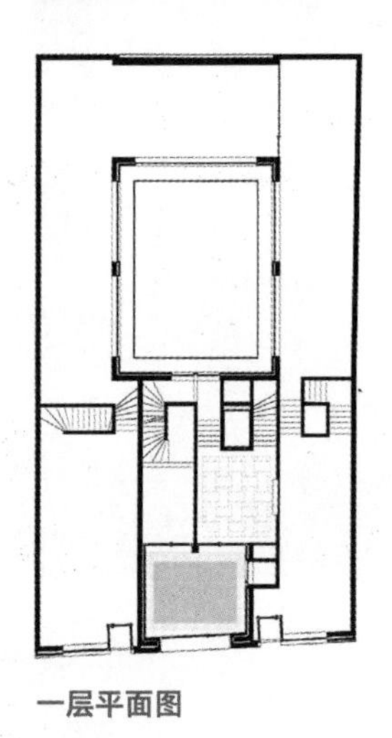
一层平面图

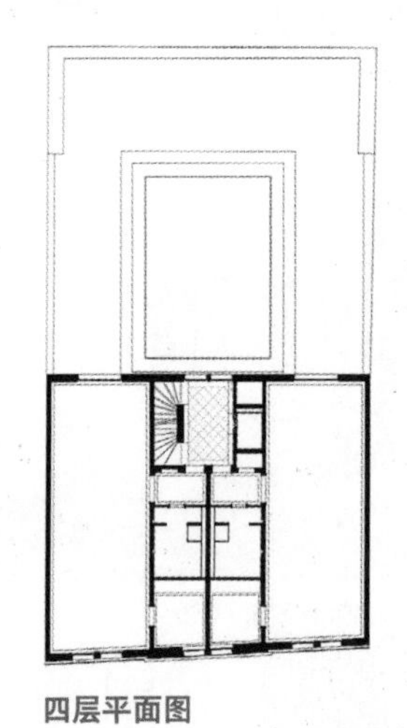
四层平面图

吉普斯特劳斯 5 号

吉普斯特劳斯 5 号的新建筑填补了广场上建筑物之间的空隙。它有 5 层公寓，一层有两个商店。街道的主入口可通往 10 套公寓和地下停车场。一条路从街道通向商店，再往里走是一个绿色庭院。为了适应相邻建筑物的高度，第四层楼是凹陷的，就像顶层有四个经典的天窗一样，与隔壁的建筑物很像。新建筑与周围原有的建筑相得益彰。平和的砖石立面，高大的窗户，轮廓分明的门梁，底层上方的连续水平缎带和第四层上方的水平檐口带，都从细节方面与周围建筑物非常对称。然而，毫无疑问，这是一幢新建筑，带有自己的特征，如双层窗户，嵌入式第四层楼和现代化的底层，两个商店和正门有三个独特的入口。这是一幢现代建筑，略有收敛但低调又令人愉悦的外墙，与同排的建筑达到统一。

建筑师：汉斯・科尔霍夫

市场街
汉堡

作为填充建筑的集体住房

在建筑方面，街道外墙是原有的，但它通过垂直线条，高大的窗户和凹陷的顶层与周围建筑达到了统一，主要的檐口与相邻建筑齐平。

建筑师：皮特·哈费曼

渐渐地，大城市吸引着那些希望住在城市中心的人们，工作方便、服务周全、文化多元。与这一趋势有关的是，部分人群希望改变住房的形式，建立多代人同住的集体住房，体现有机生活，满足社会交往的需求，建立集餐饮、娱乐以及其他活动为一体的大型公共区域。

自 20 世纪 70 年代以来，在各种利益群体的倡议下，这类集体住房在德国和许多其他欧洲国家发展起来，尽管在柏林和汉堡等城市，集体住房仅占定量住房总量增长的一小部分。然而，具有个性、共性和空间性的集体住房对城市住房选择做出了非常积极、肯定的贡献。

市场街 8 号的集体住房建于 2008 年，作为卡洛维特尔的填充物，卡洛维特尔是一个破旧的混合城市区，近年来已成为汉堡热门的创意区之一。

庭院外墙

一个共同的屋顶盖住了庭院外墙的阳台。

值得保存的后方建筑

值得保存的低层排屋的改造是整个项目的一部分。

该建筑有 9 套公寓，一层是商店。在这里原有的 14 套排屋具有保留价值，居民通过自建和共建的方式进行了重建。

经济实力最强的家庭帮助经济困难的家庭，大家共同支付保留和重建的费用。改造后的项目为所有居民，包括家庭、情侣和单身人士，提供了供暖设施、游乐场、派对室和屋顶露台。

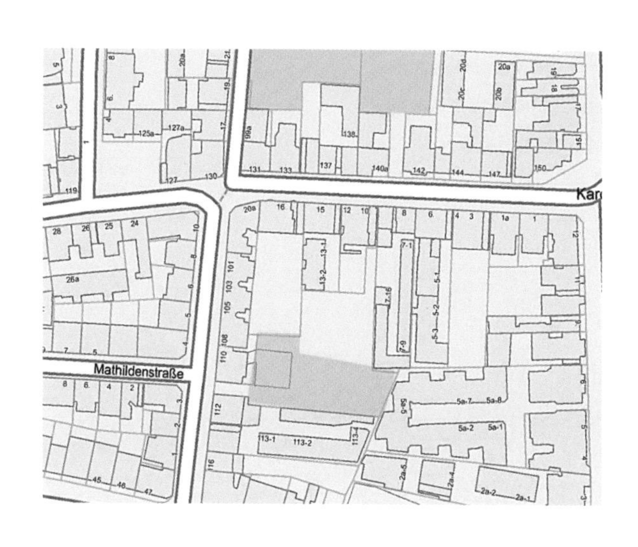

斯特罗布罗加德
哥本哈根

对话

深色的砖砌建筑主体和相邻的檐口层将建筑物与其相邻建筑联系起来。砖纹理在圆角处自成一体。

斯特罗布罗加德 5 号是建造于 1900 年左右，是位于斯特罗布罗区的填充建筑，属于哥本哈根中世纪核心区的外围。这里处于城市中建筑物密集，充满魅力的地段，建筑物通常为五至六层高。与原始城墙被拆除后建造的工人阶级区不同，斯特罗布罗区是中产阶级的据点，从精美的设计和建筑配置的细节上即可看出，砂岩或灰泥砌成的塔楼和港湾，带有红色和黄色砖的外墙，看起来就如同一主题的一系列衍生物，形成建筑物的结构和建筑具有均匀的外观，表现了城市空间细节和纹理的特性。

这座建筑物建在一片之前属于汽车经销商的土地上，这里原是一个汽车修理铺。这座六层楼的建筑希望通过整合，将连接附近三条街道的街区封闭。该建筑优雅契合，对街景的各方面都作出了很大的改善，深色的砖

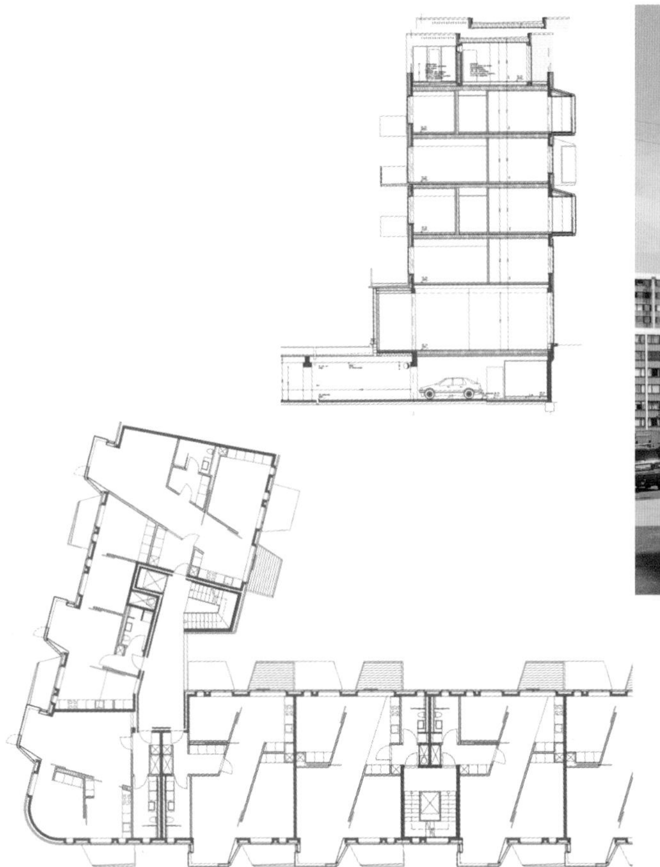

布局

铜质海湾是公寓空间的自然延伸。底楼有商店和咖啡厅，并带有地下停车场。

建筑师：C. F. 穆勒

砌建筑主体和相邻的檐口层将建筑物与其相邻建筑联系起来，顶层的现代化老虎窗与邻近的砖砌窗相呼应，就像现代的镀铜海湾与旧建筑中的细节互相匹配一样。尽管建筑密度很高，仍然可以找到一个带有明亮庭院外墙和阳台的小型功能庭院。该建筑拥有 55 套出租公寓，地面层还有商店和咖啡厅。虽然公寓单元不是很大，但它们的功能布局很好如海湾有助于营造宽敞的氛围，有些公寓可以欣赏街道美景，有些甚至可以一睹北港的风采。该建筑处在具有吸引力的中心地段，又是一个在经典城区中整合高密度建筑的案例。

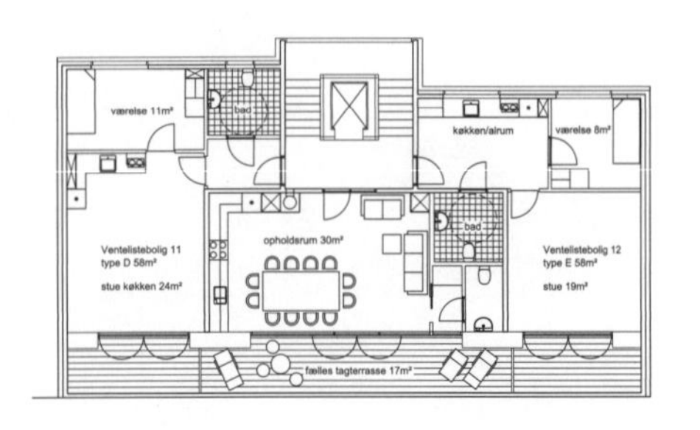

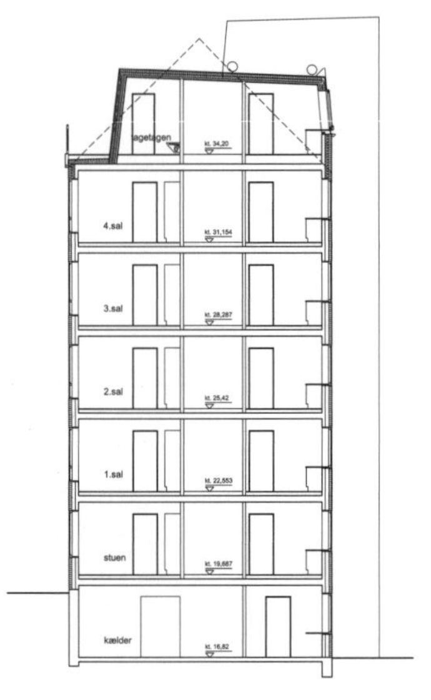

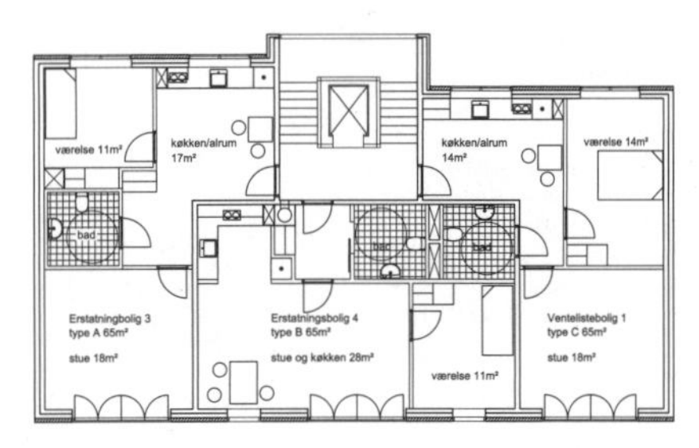

派厄尔
哥本哈根

作为填充建筑的社会机构

该建筑有一个地下室，五层为住宅区，公共活动室和屋顶露台。

建筑师：波尔松建筑师事务所

皮勒阿勒 33 号是如何用填充建筑满足特殊住房需求的一个例子。这座新建筑于 2009 年竣工，包含 16 套公寓单元，适合身体和心理功能不健全的人士居住，新建筑与其后的原有机构共同运营。16 套公寓单元共享公共设施，包括两个公共活动室，以及地下室的洗衣房和健身房，位于四楼的公共活动室可通往大型屋顶露台，在那可以欣赏森德马肯绿色公园的美景。

街道外墙设计的建筑难度在于两侧不同高度建筑之间的过渡。右边是一幢经典的多层建筑，建于 1890 年，采用黄砖砌成，配有传统的四窗格平开窗，而左侧是 20 世纪 60 年代的混凝土建筑。皮勒阿勒 33 号的新建筑通过黄砖、窗户形状和带有镶嵌接口的底层建筑，与其右侧建筑相得益彰，并通过大型法式门和嵌入式顶层，与左侧建筑相辅相成。

城市边缘

新建筑有自己的个性，不影响整排建筑。这是一个背景建筑，它和整排建筑物一起形成了城市的边缘（参见凯文·林奇的《边缘》），与街对面的公园呼应。

AESCHBACHER
AESCHBACHER
beidseits

STICKER

城市区域改造

城市改造是对城市区域进行复兴，旧建筑对未来的城市结构具有重要的意义。通常来讲，转型意味着改变旧建筑的功能，例如，通常将旧工业区、港口或军事区域转换为住宅，服务业和知识密集型公司。

焦点

- 保留旧建筑和基础设施，使该地区具有一定的特色
- 通过细节和纹理未见证历史
- 保护具有建筑、文化和历史价值的建筑
- 保持新旧建筑的统一性
- 将道路与周边城区融为一体
- 将剩余的工艺和小型工业融入新环境
- 保护企业家和文化，保护资本薄弱的企业等

保护旧建筑，建筑元素和基础设施是城市转型的重中之重。细节和质感见证历史，具有特殊的品质和吸引力，保留旧建筑和城市空间可以提升改造后区域的形式、功能和品质。现代建筑材料通常是工业生产，故更为规整，但老建筑的材料与锈迹见证了它们的历史，这可以丰富我们对时间的感知。正如尤哈尼·帕拉斯在其著作“皮肤之眼：建筑与感官”中所述：“我们要抓住这种精神需求，它根植于时间的延续，而在人造世界中，就要以建筑的形式来促进这种体验。建筑驯化了无限的空间，使我们能够居住其中，但它同样应驯化无穷无尽的时间，使我们能够居住于连续的时间长河里。”[58]

历史建筑元素与现代工艺附加的结合可以创造出有趣且动态的建筑，旧建筑常常与新建筑相互混合，互为补充，使得密度提升，产生新的舒适的城市空间。当这种情况发生时，城市空间成为以新方式将新旧建筑统一的黏合剂。

当然，被保存并纳入新实体的旧建筑，要根据其建筑、文化和历史价值来进行筛选。然而，在进行城市区域的改造时，对待现有的旧建筑和工厂，需要具有更广阔的视野。即使没有特殊的建筑或文化历史价值，一些建筑物也值得保留，因为它们将地方特色和记忆融入其中，营造出一种在全新的城市区域难以实现的氛围。

从港湾工业到住房

瑞典哥德堡的内港已经变成了城市的一部分，融合了新旧建筑。这里展示的是一些充满个性的工业建筑，这些建筑已被改建成带阳台并可欣赏海港景色的公寓。

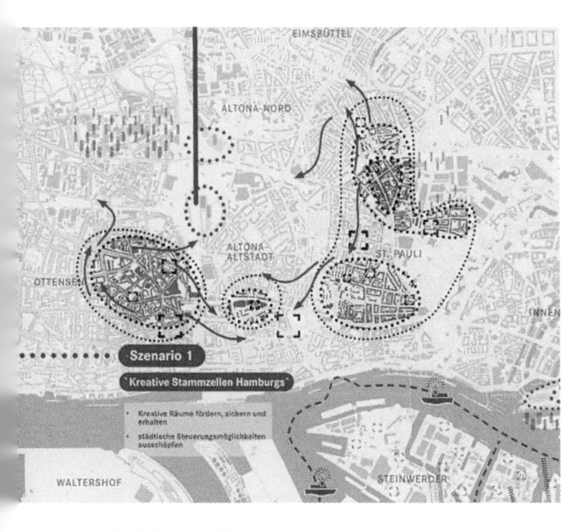

保护创意环境

汉堡的物理规划正试图将创意环境、商业和贸易的潜力进行融合。[60]

除了旧工业，港口和军事领域产生显而易见的转变之外，重要的是要意识到旧的混合住宅和工业区正在发生的细微的转变，与城市创意环境的发展密切相关的转变。

自理查德·佛罗里达撰写有关“创意阶层”[59]以来，创意环境已经成为大城市品牌和成长的重要元素。创造性的城市环境与城市转型相关，涉及破败的住房，旧工业建筑背后的潜在空间，未经修饰的环境，短租房屋、廉租房以及贫困的利益相关者等。

这个重点领域的规划充满了矛盾，在这里，复兴揭示了“高档化”这个词的困境。真正的煽动者，年轻人和原创思想家，使一个破败的地区焕发出活力，而自己成为成功的牺牲品。一个地区的新身份和增强的城市环境吸引了投资者，成熟企业和新居民，租金和房产价值逐渐增加，转型进程的发起人被踢出。这种城市升级的关键不在于升级本身，而是改善住房和城市空间使包括原居民在内的许多人受益。问题在于存在过度同质化、缺少创造性和企业资本不足的危险。

一些城市正试图解决这个问题。在哥本哈根，从政府层面，确定了一些特殊领域的创意企业，以缓和矛盾，抑制不断上升的房地产价格。汉堡市政府也认为创意公司是城市发展的巨大潜力，该市已经确定了创造性环境，可以将这些企业的需求和发展潜力纳入其规划中。

以下是三个截然不同的前工业区的转型示例，其中旧建筑在与新建筑的融合中，保留了其特征和风格。

特比南广场
苏黎士

造船厂和工业区

旧工业区的建筑被重新赋予新用途，新建筑下面是办公室，上面是公寓。在旧建筑周围创建了新的城市空间，包括带有边缘区域的或大或小的空间。

特比南广场区位于瑞士苏黎世市中心的西北部。它是一个前造船厂和工业区，在2000—2010年期间进行了改造和密度提升。这个城市中最大的广场实际上保留了其工业历史的痕迹，如原始混凝土路面与现存的铁轨、原未经加工的座椅平台和加固的白桦树为这个广场带来休闲轻松的感觉等。安装在高桅杆上的照明设备有助于使该区域在夜间变得有趣和安全，广场实际上太大了，但它很实用，因为人们在周边活动显得很有人气，包括一个很不错的意大利餐厅，可提供室内和室外服务。

现代建筑高达六至七层，包括公寓，办公室，教育中心和一个建于特比南广场区的酒店，其周围有一座保留下来的工业大厅。此外，底层的商店和餐馆使该地区充满活力，尽管他们矗立在原有的工业公司旁边。新建筑与旧工业大厅的关系令人耳目一新，后面小广场的内部和外部都给人一种巨大的宽敞感。

一座宏伟壮观的船厂建筑已经被改建成剧院和餐厅，该地区在晚上也很活跃。建筑内部是原始的，新功能如盒子般置于建筑内部，与旧屋顶结构的历史和纹理形成对比。

通过特比南广场区，苏黎世已经开发出了一个令人兴奋的新“片区”，这是一个新的综合地区中心，在现代环境中提供城市生活，与城市精致的历史中心形成鲜明对比。

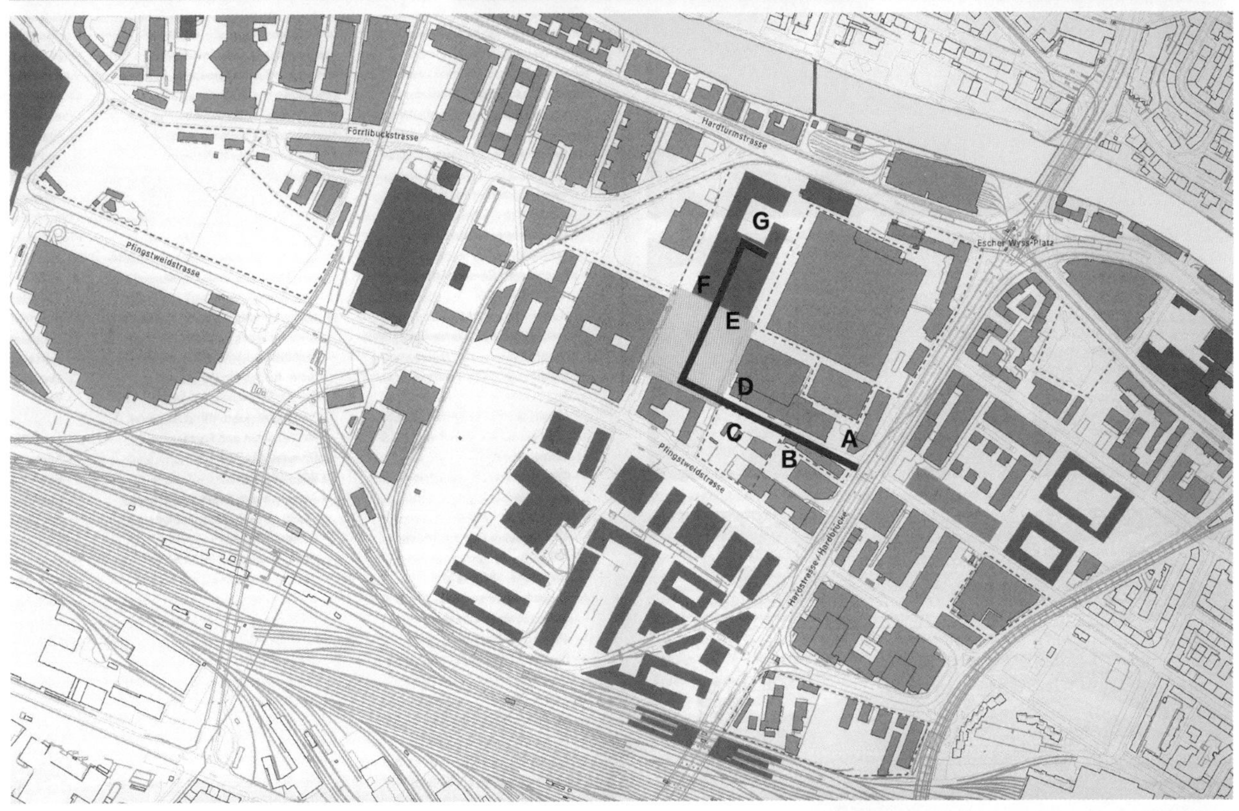

空间变换

在旧建筑、新建筑、附加建筑的组合中，漫步穿过该区域，可以看到街景的许多不同变换。可以欣赏到小广场、狭窄的通道、大型公共空间、大型覆盖空间和舒适的绿色户外空间。这是一个很好的例子，说明如何为该地区规划多样和有趣的空间。

参见戈登·卡伦斯城市景观。

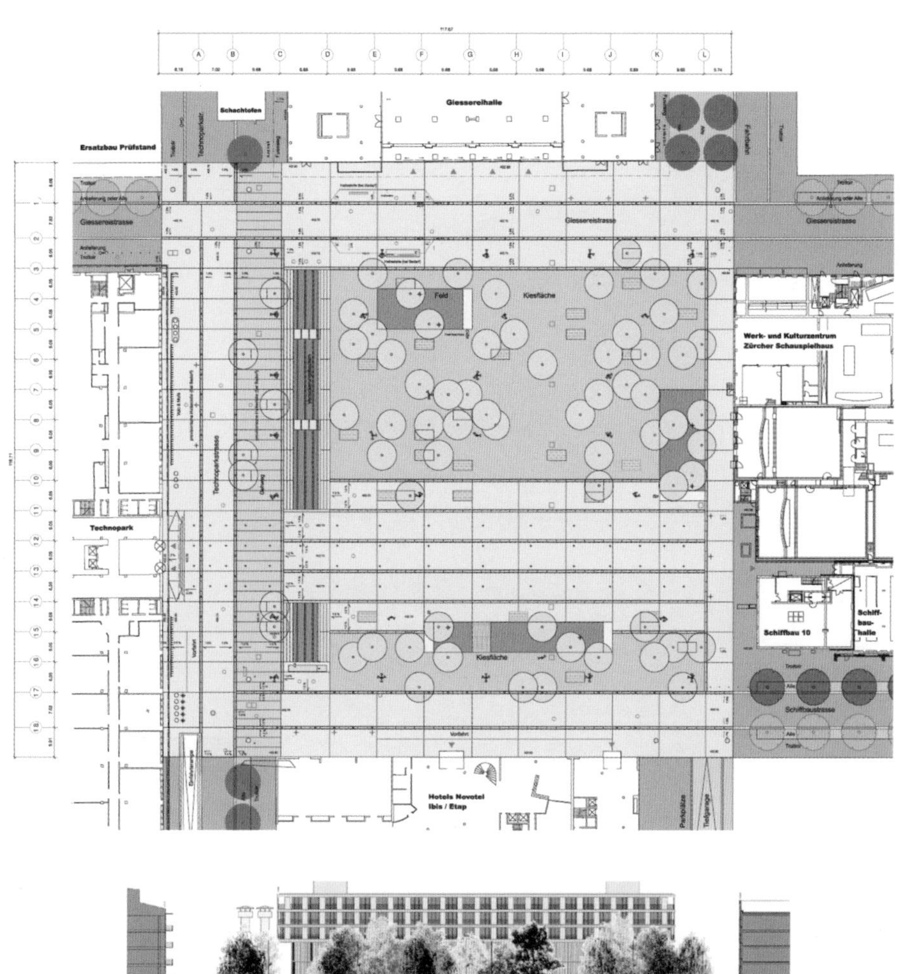

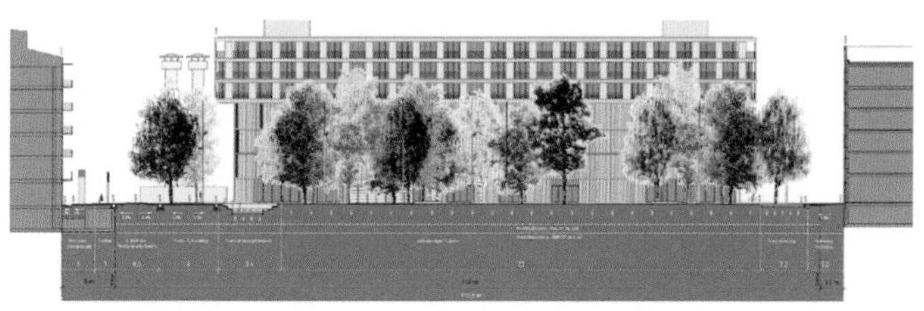

景观设计师·阿特勒·德斯康柏斯·拉皮尼

旧船厂的文化

旧船厂以其原始形式出现，其旁边建了一座高耸的现代化塔楼，内部是一座剧院。旧建筑的屋顶结构完全可见，而混凝土中的衣柜和厕所看起来就像这个大型工业空间中的家具。靠近入口的是一间餐厅，也受益于船厂极高的顶棚。

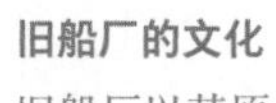

工业大厅的转变

旧工业大厅转变成一个带顶棚的迷人露台，可通往商店，咖啡馆和餐馆。

新住房

新公寓位于新建筑的较高楼层，而较低楼层被用于办公室。

嘉士伯区
哥本哈根

改造以前

航拍图显示嘉士伯啤酒厂所在地是一个长条形，位于嘉士伯区现存的高密度城区。照片 © 嘉士伯 · 拜恩

在哥本哈根，拥有 160 年历史的嘉士伯啤酒厂正在融入城市生活，成为生动的城市生活的一部分。嘉士伯占地 25 公顷，距离市中心仅 1.5 公里，营造了一个独特的文化环境，从 1847 年开始，啤酒生产从市中心的酒窖搬到这里，尽管已不再生产啤酒，它仍保留在此。这里的建筑拥有悠久的文化和历史，它是哥本哈根独特的一部分。因此，将现有建筑物整合到城市的新部分是该地区总体规划的核心主题，这是建筑竞标的结果。它由恩塔西斯设计，2009 年，其总体规划被誉为欧洲最佳设计。

总体规划的灵感来自于经典城市核心的品质。该地区将建造密集的建筑物，拥有迷人的城市空间和广场，狭窄的街道和通道，以及绿色公园。为了丰富人们的生活，许多新建筑将在一楼设置商店和服务场所，楼上是

公寓、办公室和教育中心。

嘉士伯的一些历史建筑将被保留下来，未来的建筑配置将根据啤酒厂的历史保留 15% 建筑物，作为该地区未来特色的绝佳补充。

四层至五层高的街区以及增建的九层塔楼将形成新的建筑群。甚至对街道系统的设计也得益于啤酒厂的酒窖计划，并受其启发，诠释了蜿蜒的“中世纪”空间。

总体规划制定了广泛的街道轮廓变化，并为自行车道和人行道进行了平衡规划，与城市周围相连。建设大型地下停车场，与相邻区域的连接是总体规划中的关键要素。要使相邻地区的人们感受到嘉士伯的包容，改善人们的生活水平，白天与黑夜时刻都感到很安全，这一点非常重要。

文化价值

嘉士伯的一些现有建筑物被保留下来并成为整体规划的一部分。旧建筑的建筑风格细腻，质朴，是新城区的绝佳补充。

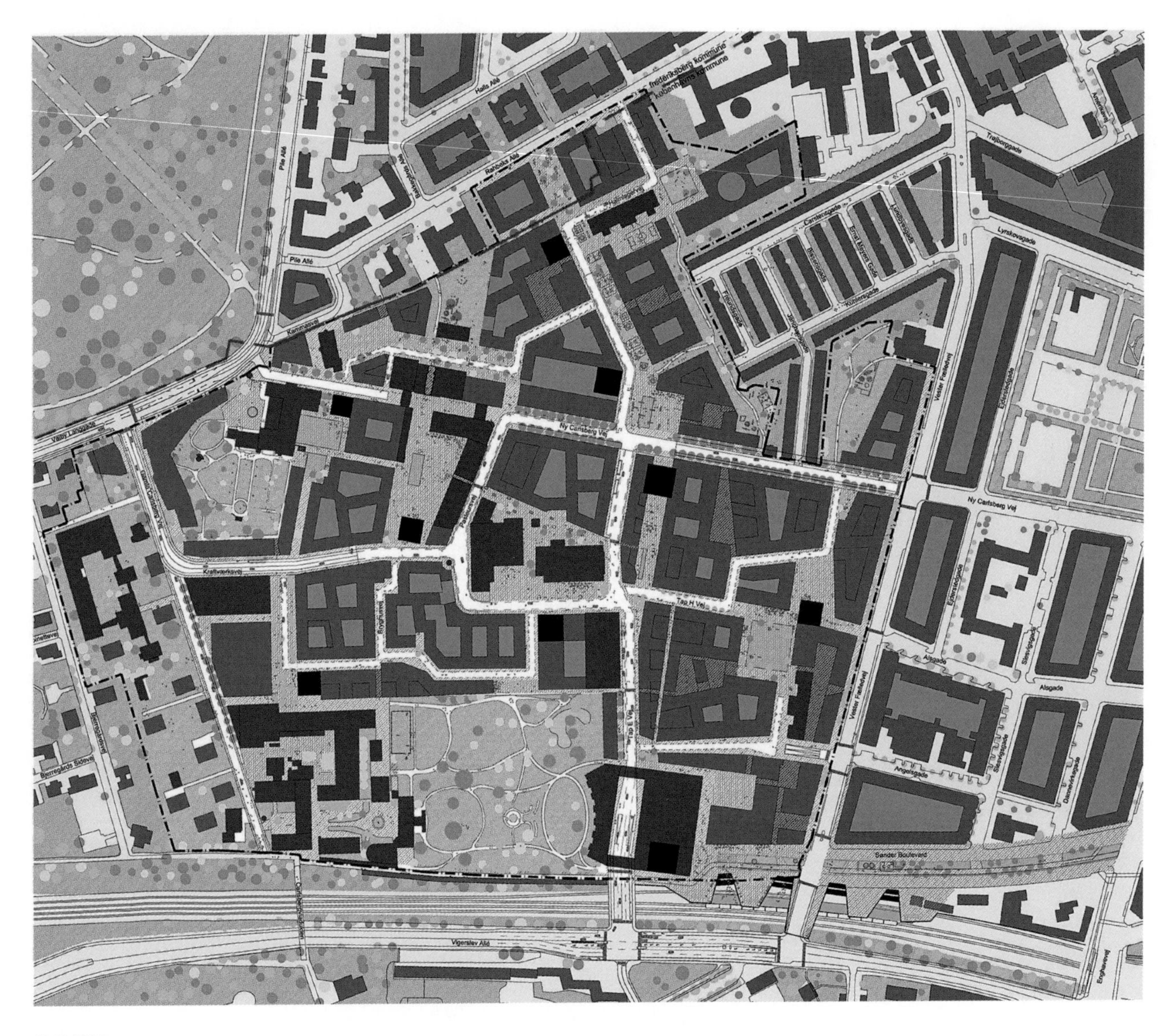

总体规划

该计划表明现有建筑（深灰色）和新建筑如何共同组成了不同的街道，小巷和广场等多样化城市空间。该计划包含对底层商店和咖啡馆的活动外墙的详细要求，并考虑到阳光和阴影条件。该计划还对新区的广场有详细的设计要求——中心广场和小广场，在公共和私人区域之间的过渡中存在不同的“边缘区域”。

总体规划是一个很好的例子，它将历史建筑与密集城市空间的创造结合起来，从人性化的角度，使新区域与建筑密集的历史城市相连。

建筑师：恩塔西斯

城市空间边界
适合长期停留的区域
剩余的树
种植区
主要运动路线
宽边区域
窄边区域
外墙
低矮的主墙
建筑 / 施工现场之间的连接
维持或重建工业元素
观察线 / 重要视角
特殊处理的街道外墙切面

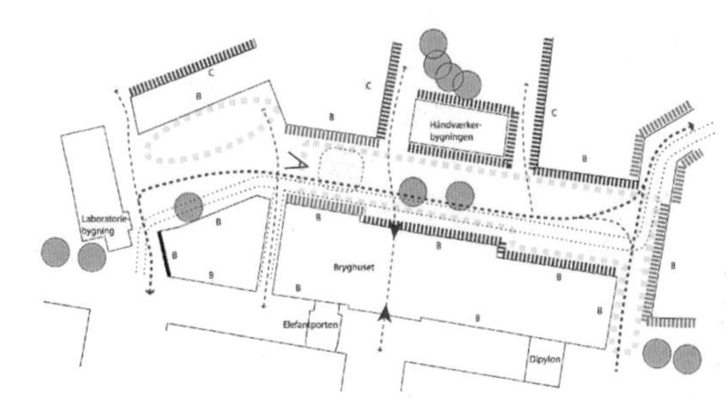

窄边区域

- 窄边区域，宽 0.60 米，隐蔽、使用期限长。设计必须支持使用与建筑物相关的外部区域。如图所示，在施工现场内部或外部的边缘区域必须隐蔽的显示。原则上，必须在施工现场外的边缘区域内建立灯箱，检查孔等。

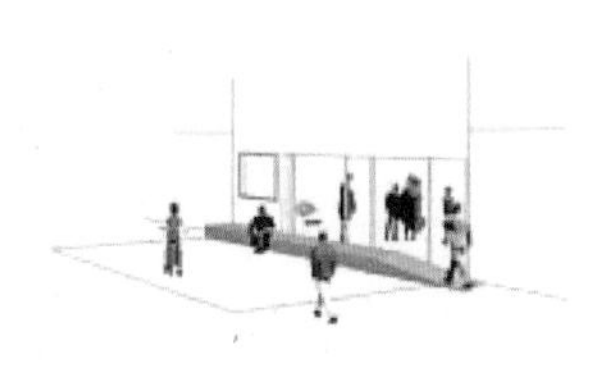

宽边区域

- 宽边区域隐蔽、使用期限长，宽 2—3 米。设计必须支持使用与建筑物相关的外部区域。边缘区域必须非常隐蔽。除了与广场 E，F 和 L 相邻的边缘区域外，允许使用围栏。广场 G 东侧的宽边区域必须适应广场的设计。

临时边缘区域

- 临时边缘区域是在建筑物底层相关功能区域开展临时活动的区域。

边缘区域

未来建筑物必须确保边缘区域可以进行变化，可以在个人空间和公共空间的边界区域建造一些设施，人们可以在此运动或逗留。

建筑师：恩塔西斯

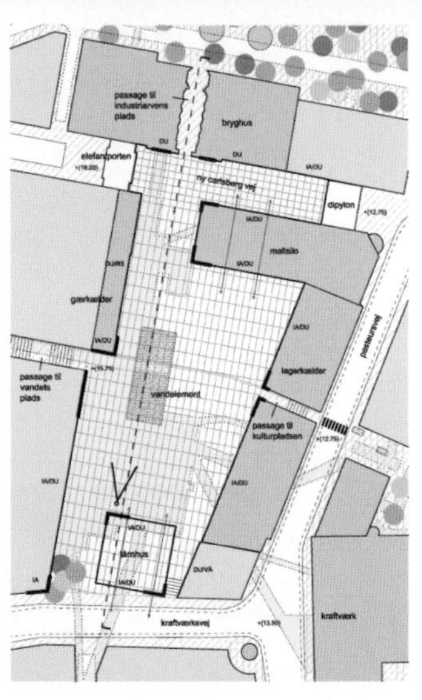

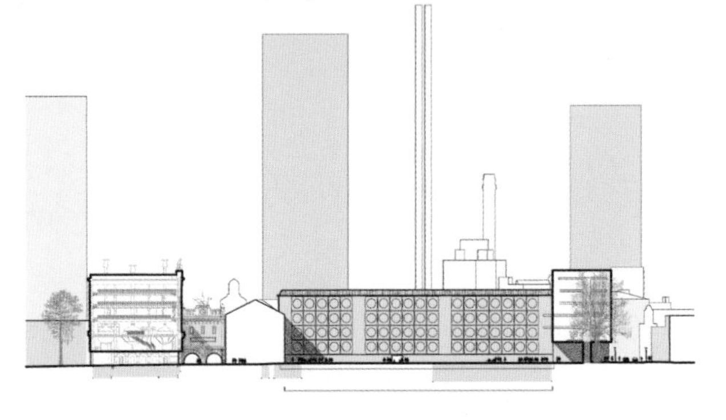

广场示例

对与社区大门和该地区主要街道相连的中央区域广场进行的规划。该计划包括有关行人路径的建议以及带室外服务的餐厅等功能，同时考虑到阳光和阴影等因素。

展望

城市的新区域有密集的建筑，绿色的屋顶和九座高塔。该图显示了与密集城市的直接和有机联系。建筑师：恩塔西斯

实现

像嘉士伯这样总体规划依赖于一个能够长期维持该计划建设目标的组织者，不幸的是，由于建造阶段到目前为止已经有所进展，很明显，建筑商已被允许偏离总体规划的城市空间和建筑指南。例如，城市空间的亲密性较差，塔楼变得越来越高。换句话说，结果更像郊区而不是有趣的低层城市区域。

暂时使用

嘉士伯的改造将需要很多年。因此，已经制定了临时使用建筑物和户外区域的计划：创意企业，文化生活和餐馆已经进入毛坯建筑，室外区域被用作游乐场，滑板公园等。实现新区计划的长期目标是一个持续的过程。

凡肯瑞得
汉堡

从汽车工厂到混合城区

保存下来的大型汽车装配厂和对面的新建筑的鸟瞰图，街道穿过该区域。

凡肯瑞得体现了工业区与周边新型混合城区进行融合时遭遇的敏锐而创造性的转变。直到1999年，占有大片土地的一座建筑综合体才被建造，这里曾经是一座汽车厂，位于汉堡市中心西北四公里处。该区域按照总体规划进行了改造，该总体规划赢得了1999年的建筑竞赛，设计者为博尔斯和威尔逊。

总体规划保留了选定的部分建筑，重释了工厂的空间结构，该区域的工业特征是建筑、材料和空间连接的起点。

主装配厂被保留下来并改建为住房、商业和商店。建筑中增加了额外的一层，并在屋顶安装了大型天窗，为二楼空间提供光线。大厅北面是层数低密度高的住宅，部分原有外墙和公交车库的大门被整合到新的联排别

步行街

不同高度的新建筑之间形成了步行街和大量的城市空间，咖啡馆和商店林立。

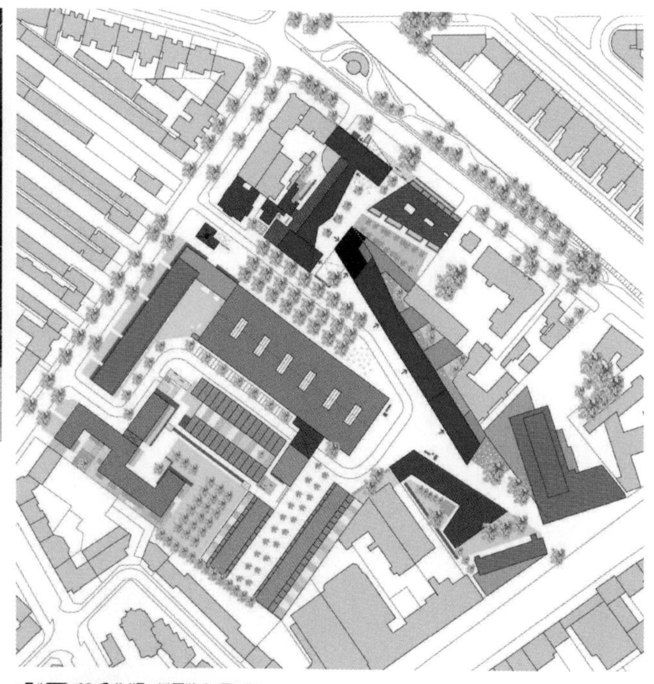

总体规划

总体规划包括对建筑物、屋顶及其设备、新建筑进行改造。小地图展示了原始的工厂建筑。

建筑师：博尔斯和威尔逊

墅中。效果非常好，成为教科书一般的案例，如需将旧建筑元素整合到新建筑中，就可以达到预期的质量和效果。

20世纪20年代建造的政府大楼值得保存，经过改造，增加了一层阁楼套房，光鲜明亮。隔壁的一座老式门楼建筑经过翻修，建成了咖啡厅和当地的聚会场所。正北是一个新的五层公寓楼，毗邻中央绿地。面向东西的广场形成了一条新的主要道路，与现有的购物街相连。在相反的方向，一条新的大道通向一栋新办公楼，带有一栋很高的附属公寓楼，这已成为该地区的标志性建筑。穿过一个新的小型广场，宽阔的开放式楼梯与运河相连，两侧是新建的五层公寓。

一条蜿蜒的街道贯穿该区域，货车和汽车可以在这条街道行驶，并且可以在两侧建筑的地下停车场停放。道路入口与街道和绿地之间的城市空间，其开放或封闭对城市空间影响很大。因此，城市空间都有公共通道，这是此类城市区域的试金石。开放，适度的交通，以及面向城市空间的入口和窗户，可以营造出一种安全感。

新通道

从运河街看，一个宽阔的楼梯经过一个通道，穿过新建筑，通过旧的装配厂，通往横向的城市空间。

建筑师：鲍姆施莱格・埃伯勒 / 博尔斯和威尔逊

认同

原来的车库大门被用来将联排别墅隔离开来。它们的作用是在大门入口设置一处半隔离区域。同时，从大门处可以直接感受到这是一种历史印记，这非常有效。

建筑师：斯宾格勒・维斯切莱克

OAKLEY

建筑改造

建筑改造是城市重建的基石。伴随着现代建筑的提升，对值得保留的建筑进行传统意义上的重建，这为其带来了新的功能和新的设施，以及美好的未来。同时这有助于保护建筑文化遗产，将历史，记忆和认同传递给后代。

焦点

- 记录和描述现有建筑物的价值
- 选择项目的关键数值
- 尊重原有的建筑和建材
- 保留自然磨损和铜锈，作为历史的痕迹
- 使用现代建筑设计新的附加物
- 在新旧的建筑的交融中，保留旧建筑的尊贵

欧洲的预测是，大约70%的未来建筑项目将涉及对现有建筑和工厂进行翻新、重建和改造。许多项目将重建和改造与新建筑结合，为将历史融入未来建筑环境提供机遇。将遗址的历史和认同引入未来的改造项目，将可对人文城市的发展起到重要作用，在这里，人们可以与城市和历史进行交流。回顾过去，我们可以看到许多关于重建和提升的理论，我们今天所谓的转型，并不是真正的新理论。19世纪末，法国人维欧勒·勒·杜克和英国人约翰·拉斯金是两位重建理论的强烈支持者。

维欧勒·勒·杜克的重点在于将建筑物逆转或恢复到其原始风格。他知晓建筑指导原则、合理性和建筑形式的重要意义，但他并不关心材料的原始性、年代和光泽。他在综合理论著作中表达了“风格统一”的哲学，因此被认为是建筑风格重建的代表。

相比之下,约翰·拉斯金认为建筑的年龄、铜锈和历史都是非常重要的。他认为建筑是我们历史、身份和记忆的承载者。拉斯金成为建筑复原的冠军，他竭尽所能地保护建筑物，然后在建筑光泽、磨损和退化方面谨慎地进行修复。在拉斯金与历史建筑遗产的关系中，记忆起到了核心作用，使他在对城市进行改造和发展中遭遇的挑战息息相关。拉斯金关于在单个建筑物中保存历史特性的想法是中肯的，正如他把哲学扩展至城市改造领域，对旧建筑的保护可以保存历史，认同文化和记忆。

在修复和改造的过程中，日常实践往往结合一种方法，不局限于在同一建筑群内按照固定标准工作。相反，添加、改造和重建的案例可以在同

保存结构和形式

巴黎一家古老的娱乐场所正在原址上进行改造。木栅栏上的海报提醒公众此处百年的辉煌历史。项目完成后，这一历史将再也不能重现。

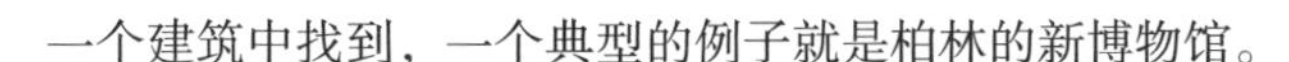

一个建筑中找到，一个典型的例子就是柏林的新博物馆。

无论方法如何，起点始终是对建筑物或建筑群的现有价值进行完全的记录和描述，许多不同方面的价值得考虑进去，例如：

- 建筑价值（艺术价值，内部和外部）；
- 历史价值（包括原创性和叙事价值）；
- 作为整体中一部分的价值（例如，一排建筑物或工厂）；
- 效用值（与改造的新用途 / 功能相关）。

对于特定的建筑项目，可以考虑三种不同的重建方法[61]：

1. 重建以前的形式或风格；
2. 建立同期条件的保护性修复；
3. 在尊重部分旧建筑的基础上增添现代建筑。

现代意义上的转型属于第三类。改造项目通常涉及较旧的商业或工业建筑，必须进行全面改造使其具有新的功能和设施。这些对建筑师来说是

保存原始性和光泽

柏林的一家老工厂经过翻新、改造和添加，满足了如今对场所和功能的要求。虽然旧建筑在传统意义上并不值得保存，建筑师们希望此处的历史清晰可见，并打破新旧平衡的界限。

一个巨大的挑战，他们必须尊重旧建筑的特征和规模，同时承认现代设计和材料也有自己的建筑品质。这是当前挑战的本质，即在城市快速发展时期，保护建筑的历史及其特征。

关于旧建筑物的重要性，一个很好的例子是哥本哈根约有百年历史的佩布杰格医院正在进行的改造，其中包括大量新建筑和新元素的添加。根据医院的一位高级医师的说法，应该允许精神病患者留在旧建筑物中，因为旧建筑物本身具有治疗效果，这是一个有趣的评论。

对地域和文化的关联是人类认同感的重要组成部分，这也是建筑文化遗产如此重要的原因。延续性应包括注重加强文化传承，同时也要关注经济，环境和社会延续性等传统因素。

在我们从工业社会到知识和信息社会的转换过程中，从未有过如此过剩的建筑物。我们必须有针对性地做出一些努力，维护和重新利用这些建筑物，使其物有所用。重复使用现有的建筑资源和利用其价值，这是非常必要的，同时周边环境也是同样重要的考虑因素，如果以某种形式保留了城市的历史，这将变得更加有趣。

以下改造建筑的例子展示了保存的外墙，以及从温和的城市改造到完全实现新功能，其内部产生的变化趋势。

安全框架

在未来几年，哥本哈根的佩布杰格医院将变成一个大型医院综合体，现代建筑与旧建筑混合，别具一格。

插图：KHR 建筑师事务所

新旧集合

巴塞罗那新建的商业综合体，融合了新建筑、现代材料和老式砖石外墙。

旧建筑的现代内饰

上面是伦敦东部的一座古老的工业建筑，现在已经变成了一座现代化的大学，与保存完好的外墙和现代化的室内设计形成鲜明对比，有塔楼和玻璃隔断。没有人会质疑什么是旧的，什么是新的。下图是伦敦北部的一个旧仓库中建造的建筑师事务所的照片。

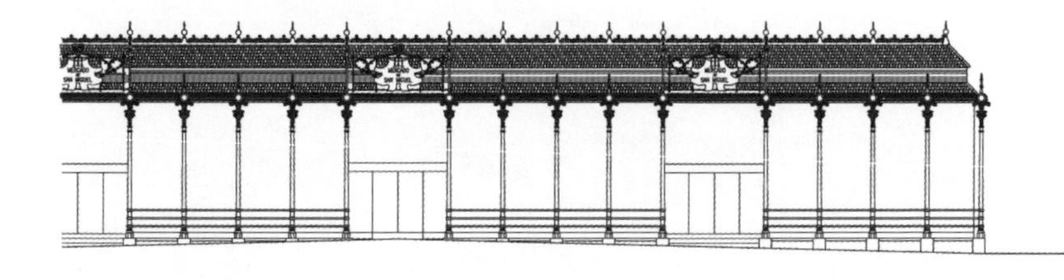

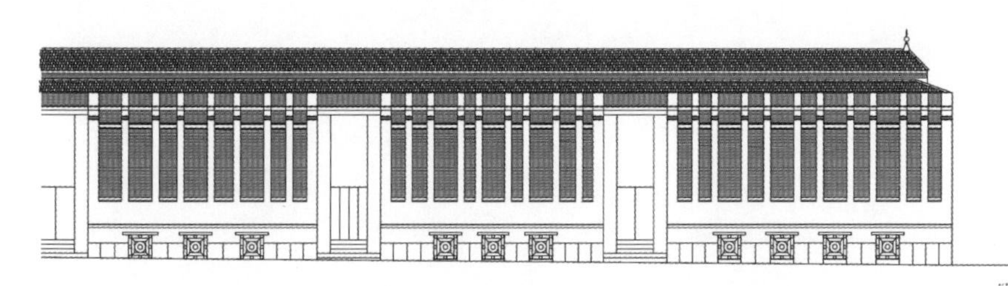

铸铁外墙

原有的外墙三面都是敞开的，面对附近的广场，后面不远是街道。里面是一个现代化、受欢迎的集市。

圣米格尔市场
马德里

圣米格尔市场位于马德里最古老的城市中心，毗邻马约尔广场。市场大厅建于 1916 年，是马德里唯一保留下来的铸铁建筑，因此被列为文化遗产建筑。

在大厅建成之前，这里有一个开放的市场。在 19 世纪中叶，政府认为市场太混乱，难以管理，他们想要建立一个可以进行物理管控的区域。最初建造了一些起固定作用的外墙，但直到 1916 年，我们今天所看到的市场大厅才完工，该市场带有地下储藏区和地下室，地下室可进行贸易交易。

1960 年，市场大厅再次进行改造，成为一个现代化市场，装修时尚，商品琳琅满目。对于普通消费者来说，这个市场仍然是一个非常好的市场，他们在不同卖家的摊位上购买新鲜优质的商品，如肉类，鱼类，时令水果

和蔬菜。市场也是一个美食中心，商家提供特色食品和各种小吃。这是一个迷人的地方，来这里的每个人都可以购物，享受美食，或者喝一杯冰镇白葡萄酒放松一下心情，或许还能遇见一些有趣的人。

圣米格尔市场一直是许多城市设计中现代化市场大厅的灵感来源。

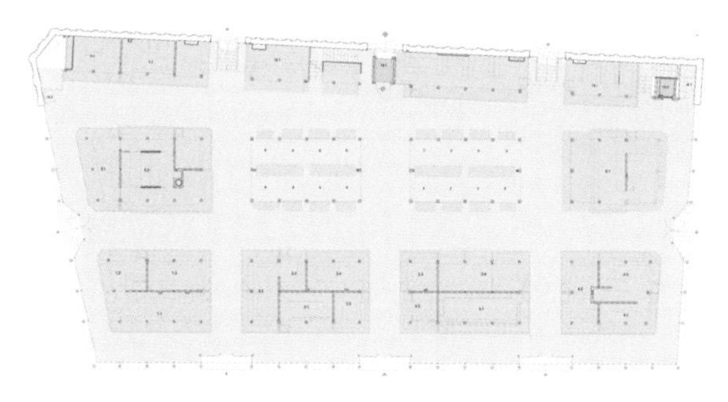

覆盖的城市空间

根据规划，该区域四周是售货摊位，人们可以坐在中间区域，在热闹的氛围中享受美食。

建筑师：胡安·曼努埃尔·阿拉孔

腓特烈斯贝马术场
哥本哈根

增加小的功能

对建筑物的入口增加一些简单的功能。

© 摄影：托马斯·利维格

腓特烈斯贝宫的室内马术场于2006年进行了改造，被改建为礼堂和会议室，作为皇家军事学院培训设施的一部分。屋顶和外墙经过了精心的修复。外观的最大变化是在原来的入口处：入口修建了打孔砖砌成的现代化洗手间。旧的马术场被保留下来，地上铺上了新的橡木地板，顶部安装了漂亮的顶棚，以前露出板条的地方，现在由松木条做成的隔音板进行了装饰。两间会议室，像两个大盒子立在玻璃基座内，光线可以照进下面的衣帽间和洗手间。

旧的木制栅栏的作用是防止骑手被推到墙上，现在被重新设计成隐藏的技术装置，屏障也具有一些文化作用，体现

变化

平面图展示了两个立方形会议室，一条通道可通往地下室。

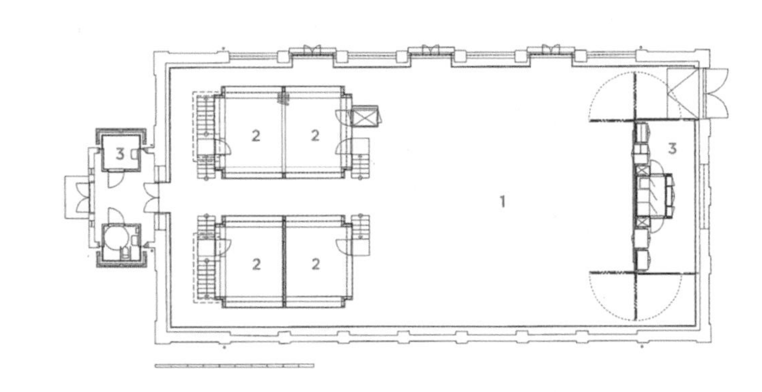

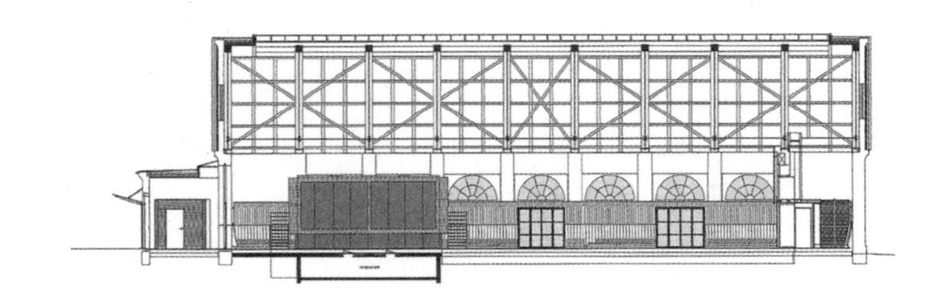

了建筑的原有功能。室内马术场是一个很好的例子，参照建筑物本身的历史，对值得保留的建筑进行外观修复，并利用当代工艺对其内部进行复原。

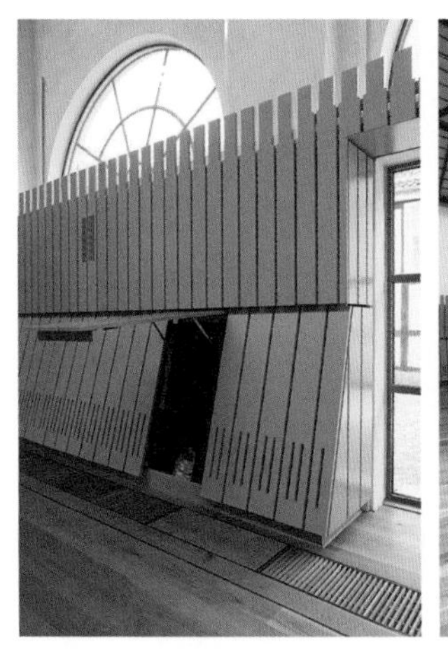

腓特烈斯贝宫的室内马术场

古老的马术场已经转变成礼堂和会议室，旁边有关于其建筑历史的详细介绍。

建筑师：E＋N 建筑事务所

当代艺术博物馆
马德里

保持街道风景

文化中心原本是一个旧发电站，其质朴的外墙依然存在。旧的窗户被封住了，取而代之的是深色的凹形窗孔，保留了旧建筑的整体特征。旧的外墙保留了周围街景的亲切感和原有的氛围。

建筑师：赫尔佐格与德梅隆

建于 1899 年的发电站，是马德里少数保存完好的历史工业建筑之一，2008 年其被改造为壮观的当代艺术博物馆。该中心位于马德里文化中心的核心区域，面向塞奥·德尔·普拉多，靠近著名的普拉多、雷纳·索菲亚和蒂森·伯恩米萨等博物馆。

拆除的加油站为当代艺术博物馆和塞奥·德尔·普拉多之间的新广场腾出了空间。一个 24 米高的垂直花园建在山墙上，参照了附近的植物园和塞奥·德尔·普拉多的景观设计。

开放的广场延伸到文化中心的下方，旧建筑的柱基被拆除，文化中心似乎漂浮在地面上，这形成了一个有盖的广场，也可以通往文化中心。质朴的砖石外墙是旧建筑唯一可见的遗迹，尽管如此，它仍然显示了这座建

筑的尊严和重要性。文化中心的高层建筑的精巧设计，其外墙由同质的特种钢进行紧固，其设计参照了附近建筑物的传统屋顶设计。

当代艺术博物馆是一个令人鼓舞的案例，说明旧建筑的雕塑和纹理如何影响现代建筑的功能和构架。文化中心提供了许多功能：休息厅、展览场地、礼堂、工场、餐厅和办公室。

该项目最精妙的设计之一是，砖石外墙砌成的“壳”，保持了该地区街景的亲切度，从而保持了周围环境的整体格调。

漂浮的建筑物

原来的基柱被拆除了，这座建筑似乎漂浮在地上，这形成了一个有盖的广场，也可以通往文化中心。一个大型地下礼堂延伸到广场下方。

温伯格粮仓
哥本哈根

从粮仓到公寓

粮仓通过强有力的表现，保留了对前工业厂房的记忆。

温伯格粮仓坐落于哥本哈根湾冰岛码头，它与另外两个独特的粮仓一起，是一个大型豆饼厂的一部分。该工厂关闭后，冰岛湾区于20世纪80年代中期的开始进行重新规划，旧建筑改造为公寓和办公室后，通过将新建筑与旧建筑现相结合的方式，保持该地区的文化特征，将工业区转变为城市的新区域。

温伯格粮仓建于20世纪60年代，用于储存工厂生产中使用的原材料。2004年，在一个项目中，粮仓被改造成142套公寓，这达到了将保持粮仓文化特征的目的。粮仓改建的公寓，窗户面向海湾，看上去像一条垂下来的丝带，这强有力的表现让人保留了对前工业厂房的记忆。从每一套公寓内部，透过窗户向外看，可以欣赏到海湾和阿玛格村庄绿地的美景。虽

圆形和方形

上图：每套公寓的内部设计清晰的反映了粮仓结构，原有建筑的历史始终存在。从每一套公寓内部，透过窗户向外看，都可以欣赏到海湾和阿玛格村庄绿地的美景。下图：粮仓的一层是进出通道，自行车停放区，服务区和活动室。建筑师：泰奇·林伯格

然最顶层的公寓带有私家屋顶花园，但是顶层的大部分区域是开放的，向所有居民提供敞开式的阳光露台。

Mühlendammbrücke
Mühlendamm
Parochialstraße

城市区域重建

被摧毁的历史城市中心是城市重要的资源与重建有着密切的关系。但由于安装交通设施和修建办公楼，这些区域通常被拆除，特别是在 1950—1980 年期间。当然，城市中心也可能被战争或自然灾害摧毁。

焦点

- 用街道，广场和奇特的角度再现经典的城市空间：有个性的地方
- 城市中心建造了更多住房，生活更加便捷，更有安全感，即使商店关门了亦如此
- 直接从公共街道进入建筑物
- 矮的街道外墙，底层建筑有趣的建筑细节
- 透明的底层的商店，咖啡馆和作坊
- 平衡的交通解决方案，为行人、骑行者以及汽车创造了良好的条件
- 地下停车场
- 商店和名胜古迹

城市有机地发展了几个世纪，大城市的核心原本是经典城市空间，拥有符合人口规模的街道系统，广场和建筑物。在 20 世纪 50 年代到 60 年代，汽车数量增加，经济发展使中心城区的大型商业建筑，办公室和高速公路急剧增加。这种发展对城市生活以及建筑和城市空间产生了负面影响。更多的办公室意味着城市的公寓数量减少，相应地，一旦务工者返乡，街区将失去活力，城市生活缺少生机。此外，许多值得保护的建筑物以“进步”的名义被牺牲，并且在他们原来的位置上出现了大型的新办公楼，光滑却无特色的外墙。更多的汽车意味着拥挤的街道，导致对新道路和停车场需求的增加。

近年来，许多人表达了对历史中心城区进行重建的愿望。有时这个想法是通过关闭道路和停车场或将办公室搬到其他地方的规划进行推动的。这些地区的重建往往要考虑原始历史架构。这可能会导致对旧街道和广场进行重建，它可以成为传统住房、办公室和商店的混合布局，这是使城市环境变得生动而有趣的关键所在。这点对提高城市质量很重要，那就是对历史中心城区进行重构时，尽可能地贯穿到整个市中心，以避免在几条主要街道上集中进行，这很容易使这些主要街道变成充满连锁店和旅游陷阱的步行街。没有什么比在一个城市偏僻角落闲逛，寻找小店和名胜古迹更有价值了。正如下面汉堡的例子中所提到的，在城市努力吸引受过良好教育的国际劳动力，到当地公司工作和进行研发，城市中心的资产越来越被视为一个具有竞争力的参数。

阿姆斯特丹地铁

当阿姆斯特丹在修建地铁时，尼姆马克区的大片区域于 1975 年被拆除。由于当地居民的参与，重建了现代建筑物，但与旧建筑物的规模相同。

重建并不意味着新建筑应该是旧巴洛克式建筑的复制品，街道和车道必须符合现代要求，新建筑应反映当代建筑特征。关键在于新建筑以同质，稳健的方式与现有建筑相互作用，保留地域风情、个性、特殊环境和认同感。关于 1984—1987 年在柏林举行的国际建筑展览（IBA），首席建筑师克莱厄撰写了关于柏林南弗里德里希施塔特各个地区的重建计划：“这对所有地方都有效。如果我们能够建造一些突出的场所——将花园和公园、街道和广场、空间和建筑进行结合，有热闹的场所和道路——我们将为我们必须实现的目标奠定基础，即认同感。这是可接受的一个过程，只要这种认同感能够经受住时间的磨练和考验。”[62]

以下三个例子展示了德国柏林和汉堡以及丹麦欧登塞市历史中心区域的重建。所有项目都扎根于高密度的传统城市，旨在对历史悠久的城市空间进行重建，并且可从街道直接进入公寓入口。

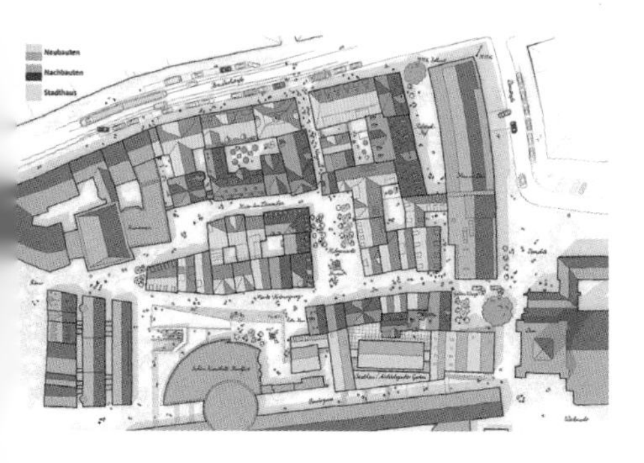

历史城市中心，法兰克福

在法兰克福，过去 20 年来，高层建筑已经大大改变了城市面貌，大众的需求使得该中世纪的城市核心被重建。

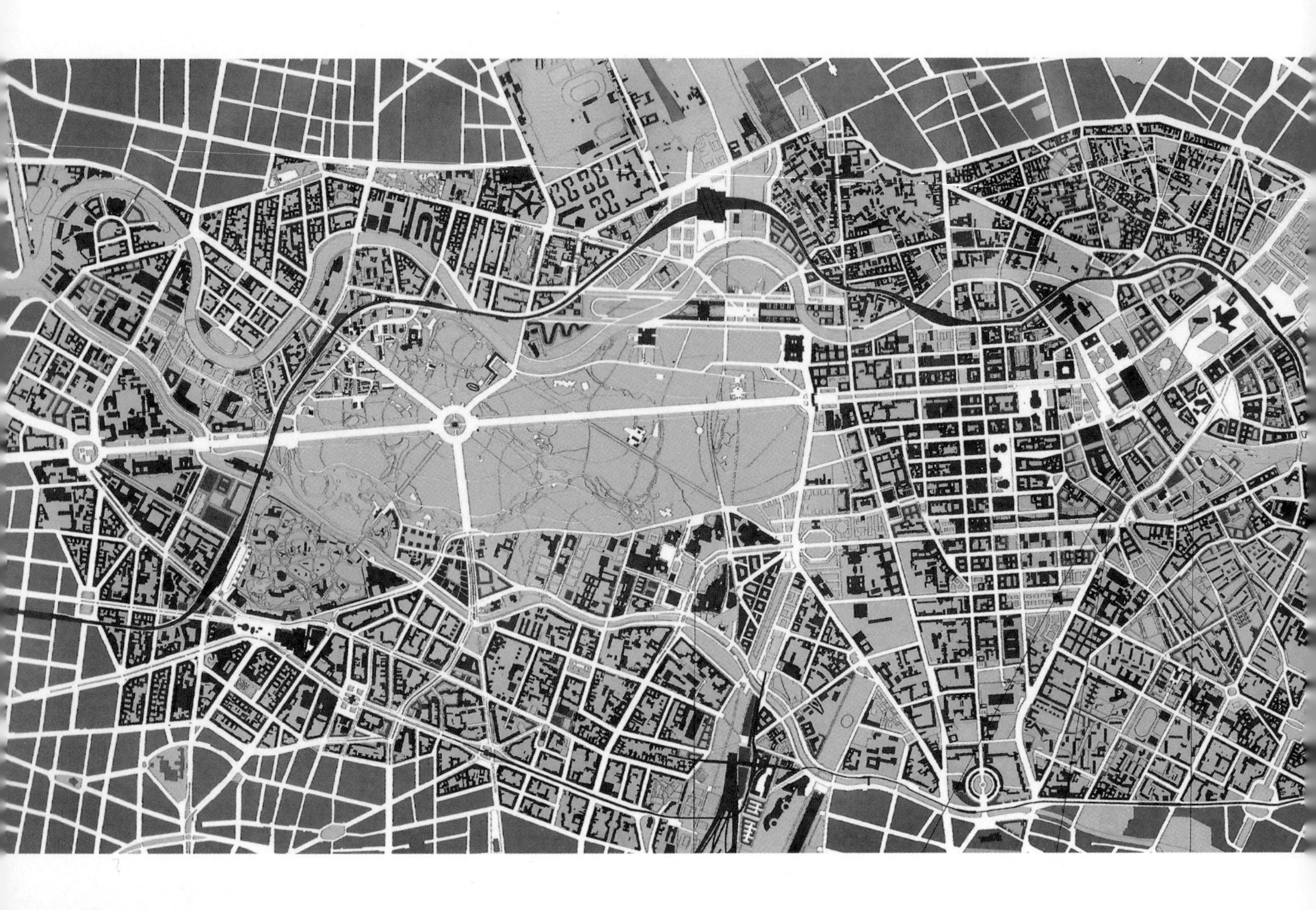

腓特烈韦尔德
柏林

总体规划，柏林

1999 年柏林市中心的总体规划。规划中的补充建筑用红色进行了显示。[63]

德国首都柏林是一个没有走现代化高层建筑道路的大城市的典范。与此相反，柏林决定继续发展其具有悠久历史的层数低、密度高的建筑结构和规模。但是，情况并非总是一成不变。第二次世界大战期间，柏林的中心城区遭到严重破坏。1957 年，二战期间遭到轰炸的汉萨维特尔地区，按照现代主义原则重建了独立的街区。后来，为了西柏林的重建，举行了一次国际建筑竞赛。柯布西耶参与并提出一项建议，对大部分城区进行摧毁，在大型公园中建造一个高层建筑项目，在风格上与他对巴黎的提议非常相似。幸运的是，他的建议没有得到执行。

1980 年，西柏林市政府制定了一项温和的城市改造和历史城市重建政策，正如 1984—1987 年的国际建筑展览所展示。1989 年柏林墙倒塌和德

克洛斯特维特尔，柏林

柏林市政府计划对古老的“红色市政厅”以及尼古拉区以东的城市结构进行重建，克洛斯特维特尔和莫尔肯马克。上图显示了现在的景象。下图显示了该区的重建规划，带有狭窄街道外墙的新的联排别墅。具有悠久历史的城市空间正在经历重建，也需要尊重对如今更宽阔街道的需求。[64]

国统一之后，作为前东柏林的一部分，政府为历史城市中心制定了改造计划。经过充分的准备，1996 年，市政府根据城市结构的重建理念，推出了柏林市中心总体规划方案。该方案对车辆和交通的范围做出了限定，并制定了现代建筑的城市框架，与此同时，市政府通过了限制新建办公楼，支持在城市中心区修建更多住房，为中产阶级住房提供资助。经过大量的公开辩论，该方案经过调整后，最终于 1999 年被市政府通过。

该计划旨在通过重建旧广场和街道系统，重现城市中心的历史封闭空间。但也不完全是这样，在满足如今人们对阳光、空气和更宽的街道的要求下，对城市空间的特色和品质的进行重大改造。

腓特烈韦尔德附近古老的中世纪城区在第二次世界大战期间被摧毁，市政府同意对此地区进行重建。该项目很有趣，对柏林来说，该计划是基于一种新的建筑，也就是说，这种紧凑的多层联排别墅在英国和美国更知名，并被认为在建造良好的住房和城市空间方面更具灵活性。从这座城市的历史地图中得到灵感，新的联排别墅外墙较矮，高度从四层到六层不等。

虽然是一个统一的项目，但许多建筑师都参与其中。

腓特烈韦尔德

1867 年的腓特烈韦尔德。

插图：兰德萨奇夫，柏林

2003 年的重建规划。

插图：城市发展参议院

2008 年柏林新建筑的航拍照片。

摄影：菲利普·莫伊泽

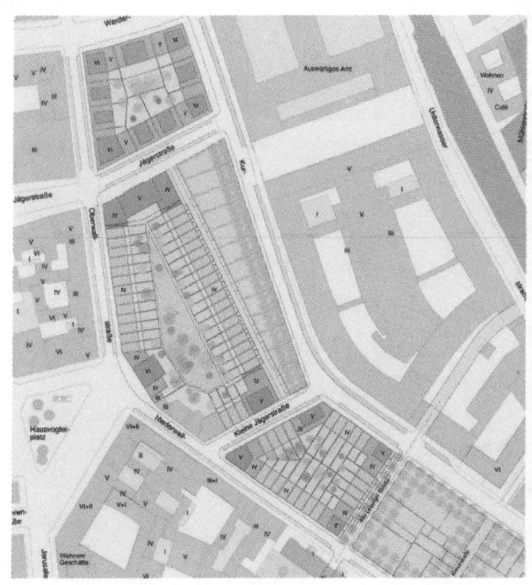

建筑在 2008 年完工，即使今天看来，细节精美而又各异。每栋联排别墅可直通街道，而底层的商店则为街道增添了活力，一楼层各色店铺林立，让过往的行人觉得很有趣。同时，这些建筑物与街道另一侧的旧建筑外墙形成了鲜明的对比。

这些新的联排别墅面向街道和绿地，拥有半开放的边缘区域，包括小型前庭花园、阳台和座椅。住宅区朝向街区内部，设有露台，阳台和小花园。停车位于地下，这是柏林对新建筑的总体要求。

该建筑项目创造了几个新的城市空间，提供有趣的街道图片如小规模的奥伯瓦尔街、封闭的豪斯沃格泰普拉茨、新旧建筑交汇的城市角落，最后是绿色景观沿线的街道。

新建筑项目的设计基于对该地区城市空间的补充和完善。这三个新的街区展示了不同质量的现代建筑，但是这份周围城市空间的“礼物”将这个项目划分为高品质类别，并使其成为城市建筑的一个鼓舞人心的例子。

腓特烈韦尔德和柏林其他中心城区的重建项目中，最有趣的地方是历史中心城区构成要素的回归——联排别墅。城市单元是按照私人拥有或私人占有的联排别墅

街道

奥伯瓦尔斯特拉斯，图中左侧为旧建筑物，右侧为新建筑物。

广场

一个男人正在重建后的广场上享用咖啡和看报纸。这可以作为对场所品质的检验。

建筑

新建筑由许多不同的建筑师设计，他们中的一些人并不惧怕对旧式联排别墅的细节进行阐述。

划分的。联排别墅可大可小，但以靠近街道外墙有两到四个窗户的窄型建筑为主，这种类型的建筑可以追溯到中世纪，后来通过巴洛克时代和古典风格时代发展起来。无数欧洲城市和北美许多城市以此为基础发展起来。在欧洲范围内，包围街道和广场的一排排窄型建筑是灵活的，形成了弯曲的街道，使其具有中世纪城市的视觉特征。

联排别墅在20世纪20年代的柏林也很受欢迎，作为郊区的大型集团，合作住房协会雇用了有名的建筑师进行建造，例如布鲁诺·塔特和马丁·瓦格纳等。

直到20世纪70年代，作为现代主义在城市建筑中的利器，联排别墅被重新重视起来。这次联排别墅被修建在人口密集的城市核心区，数量较少。一个典型的案例是，基于国际建筑展览的住房政策和城市规划项目，20世纪80年代在柏林建造了联排别墅，其中指出："作为城市规划中最小的单元，联排别墅，在独户住宅和旧公寓之间有其合理的位置。"[65]

联排别墅是一种非常有趣的建筑类型，特别是在城市核心区的重建中，因为它可以再现古老中世纪城市的变化。但是，联排别墅也应列入城市新区的规划选项中。

现代化的中世纪城市

狭窄的商住两用建筑，可通往街道。底层的商店和咖啡馆面向步行街，半私有区域的入口与街道相连，街道上是各种不同风格的人性化建筑。

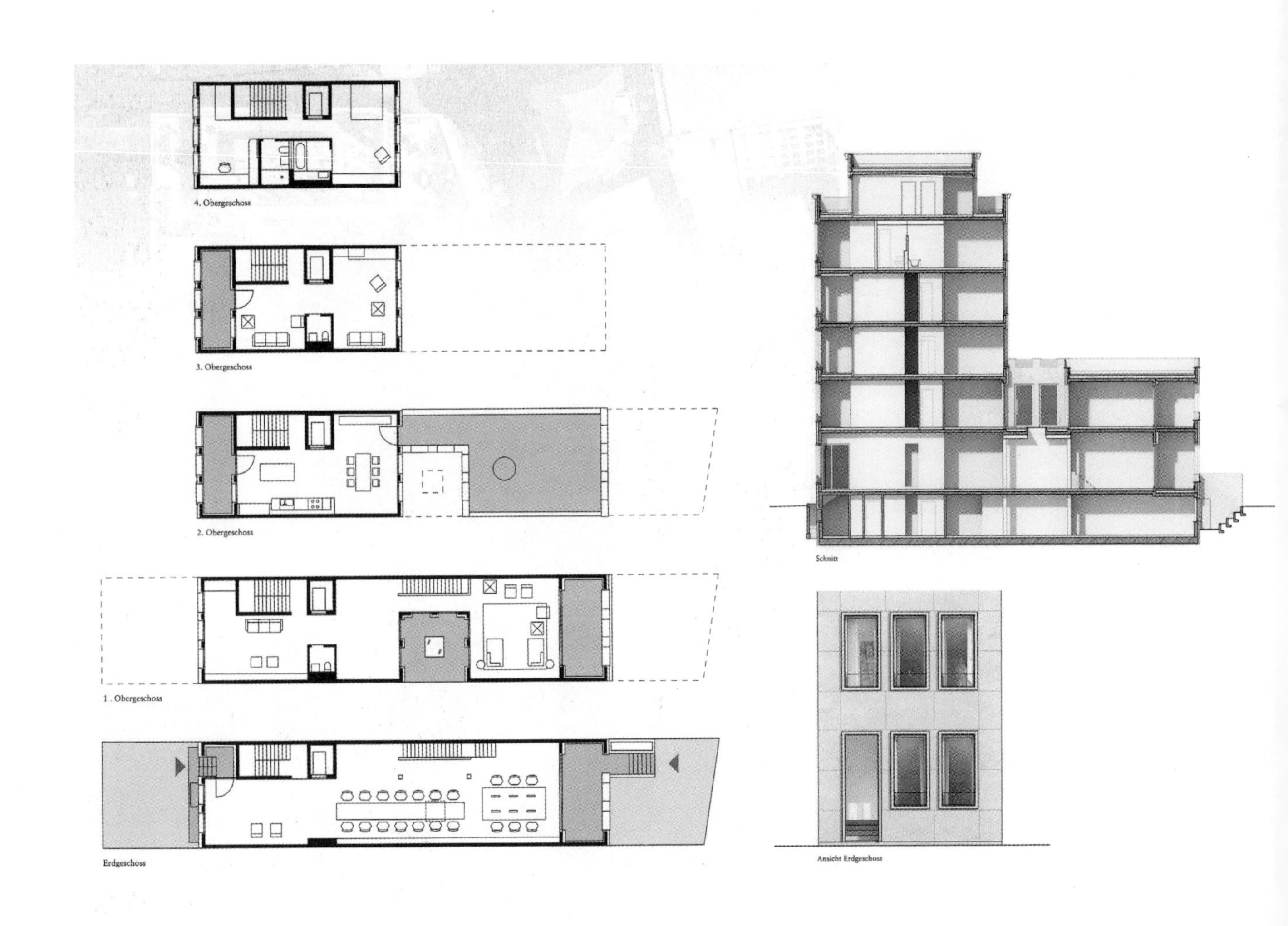

洪堡路 20 号

该建筑一楼和地下室是一家出版公司和一家建筑公司。一楼有一个大房间，四米高的顶棚，房间带一个凉廊，凉廊面向小花园，如第 169 页的图片所示。二楼和三楼也带有凉廊，凉廊面向街道。外墙覆盖经典的意大利石灰石，再加上一些简单的细节处理，使得此建筑物成为本排建筑中一道独特的风景，与街对面的官方建筑产生对话。

建筑师：菲利普·莫伊泽

20

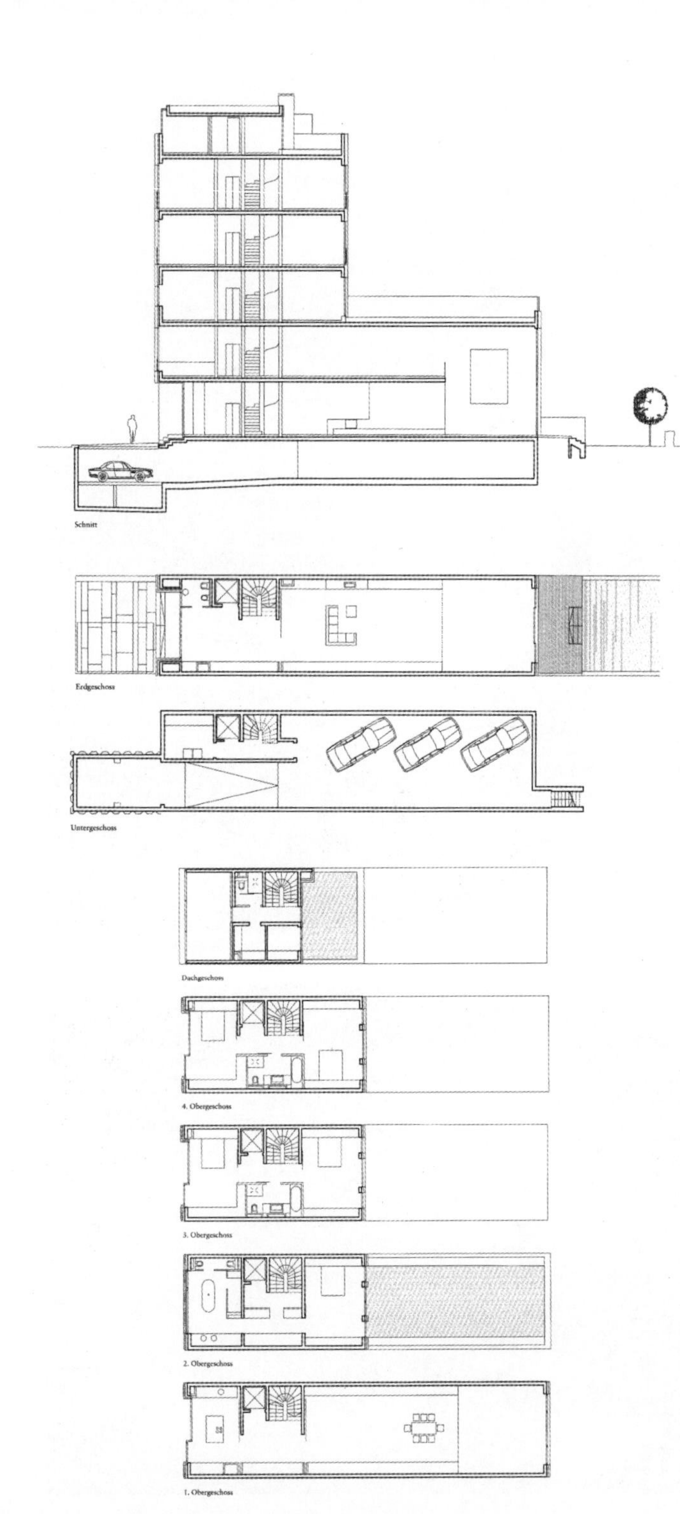

洪堡路 32 号

这座建筑是一个大型的家居住宅，一楼和二楼是卧室和厨房，空间上看，卧室和厨房还与另一间房屋相连，这间房屋的高度面向花园，高度是卧室和厨房的两倍。三楼和四楼有儿童房，顶层带有屋顶花园、温室花园和桑拿室。地下室可以容纳三辆车，车辆通过房屋前面人行道上的电梯进行升降。外墙的设计极具现代化，每层都有一个巨大的独立窗户。相比之下，深紫色砖石参照了 20 世纪 30 年代的砖石建筑表现主义的设计。

建筑师：约翰娜·纳尔巴赫教授

欧登塞市中心
欧登塞

1960 年，在欧登塞历史悠久的市中心建造了一条四车道高速公路。许多精良的建筑物被拆除，为日益增长的车辆交通和大型停车场腾出空间，看上去就像这座历史悠久城市敞开的伤痕。五十年后，重新整合城市中心的时刻终于到来了，在 2011 年举办的国际建筑比赛中，恩塔西斯获胜，他制定了一个总体规划，对被车辆交通和停车场所占据的区域进行重建。总体规划描述了如何根据人口规模，对街区建筑和城市空间进行重建。新建筑将包括公寓，商场和企业。大多数新建筑的层数为二至五层，高度各不相同，以适应周围原有的建筑。新项目将涉及四个城区和十个城市空间，特色各异，有些风格较开敞，有些则较隐逸。

从高速公路到市中心

1960 年以来高速公路上的创伤将愈合，一个新的混合型城市中心在欧登塞复兴。

市政府的规划是创建一个具有活力、凝聚力和可持续发展的城市。作为

规划的一部分，新区域将禁止车辆通行，取而代之的是轻轨和高速自行车道，一些宁静的核心区域只允许行人通行。停车场是位于新建筑下方的大型地下设施，其中有一条小路可通往城市中心的核心绿地。

重建将分四个阶段进行，2020 年左右完工，包含约 340 套住房和 400 个以上的工坊。

根据规划，城市结构中的街道互相交错，形成良好的封闭空间。街道的曲线得到了很好的利用，并与新建筑物的布局相适应，而且许多新建筑的设计都带有角度，可以与原有建筑相协调。该规划是一个很好的范例，说明欧洲正在根据人性化的需求，向新的、多样化的城市空间转变。

新城市空间设计精良的总体规划

一旦高速公路和停车场消失，城市中心将在封闭的城市空间中重建街区建筑、步行街和广场。上面的计划展示了重建前和重建后的城市中心，清晰地表现了旧街道和广场将如何重建。

建筑师：恩塔西斯

轻轨和自行车道

该地图显示了穿过城市中心的轻轨和自行车道。

黄色长廊

轻轨旁的滨海大道，由一条黄色的长廊通向地下停车场。黄色长廊作为地下停车场的一条步行街，帮助人们确认方向，通过楼梯和电梯可到达地面。

建筑师：恩塔西斯

◀ **城市中心重建**

城市中心重建的示图。被 1960 年建造的高速公路切断的道路和立交桥得到重建，沿着轻轨和高速自行车道旁的滨海大道，街道和城市空间整齐而有序。

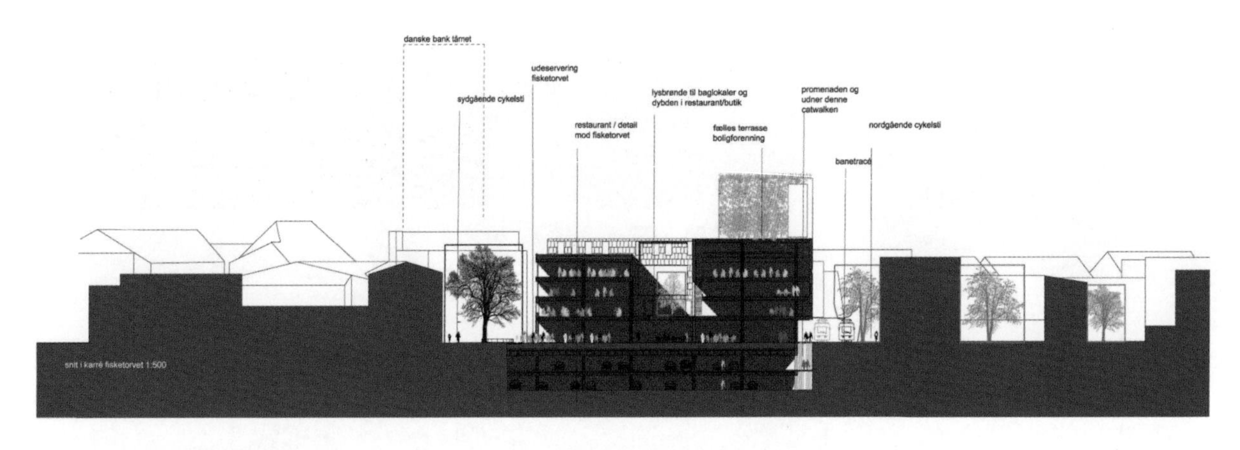

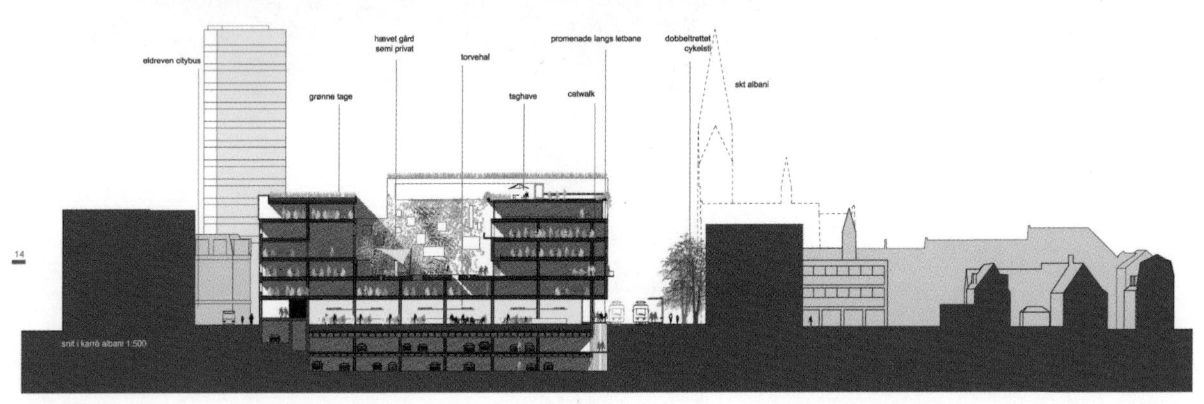

城市空间剖面

具有不同高度的主要街区建筑和地下停车场的剖面图。上图：菲斯克托夫街区高耸的建筑面向滨海大道和轻轨，重建区域两侧是较低的建筑物。下面：阿尔巴尼街区，商铺位于较低楼层，公寓位于较高楼层。当商铺关闭时，人们开始在城市中心享受生活。

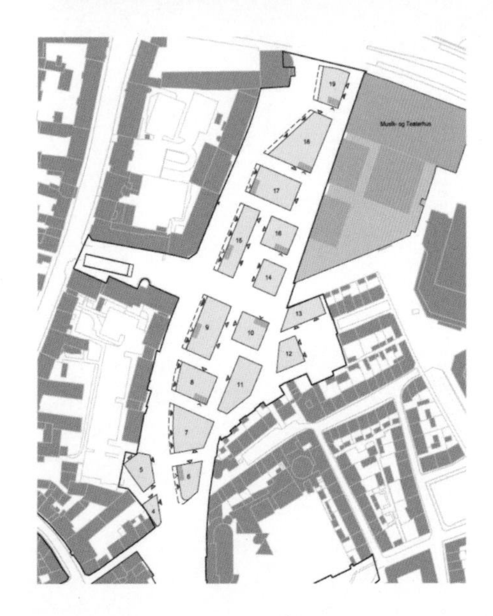

城市生活和安全

根据总体规划，新街区建筑物的入口面向街道。

新的滨海大道

插图显示了穿过市中心的新的滨海大道步行街。

建筑师：恩塔西斯

TORVEHAL

凯瑟琳区
汉堡

第二次世界大战后，汉堡的凯瑟琳区经历了入侵式的现代化重建。许多建筑物，无论是损坏的还是完好无损的，都被拆除，并且在原来受到严重轰炸的地区修建了一条六车道高速公路。只有在汉堡，密集的多功能复合区域被单一功能的办公楼和行政大楼所取代。

在整个城市，从某种程度来讲，办公室和商业区优先于住房设置，以至于建立一个充满活力的城市，这变得具有挑战性，尽管市政府直到最近还没有得出结论。第二次世界大战前，汉堡的旧城区有 80000 人口，而如今只有 2000 居民，在大城市吸引高层次人才的国际竞争中，如果中心城区在晚上和周末没有什么活力，这是一个非常明显的劣势。城市生活的生机和活力需要相当数量的住房来保障。此外，现在更多的人希望住得相对集中，

城市中心的住房
需要更多的住房和更丰富的城市生活来吸引国际人才。

街区建筑取代高层建筑

自 2000 年以来，汉堡一直在重建城市空间，而不是建造塔楼。

而汉堡却存在住房短缺的问题。

因此，汉堡近年来在市中心建造了很多公寓，现在空地很少。按照市政府的新的指导方针，允许在凯瑟琳教堂的东北部进行建设，这是一个难得的机会，十分有趣，尽管这只是用新瓶装旧酒。指导方针规定，城市中心所有建筑的密度，必须与 1900 年左右格兰德泽特地区的建筑密度一致。这意味着只能建造公寓楼及其外围建筑，而不能建造孤立的塔楼，直到 2000 年，这一直是汉堡的历史城区的建筑蓝图。推迟了 20 年，与国际建筑展览的规划一致，汉堡得出了与柏林在 20 世纪 80 年代末相同的结论。

基于新的指导方针，举行了一场建筑竞赛并且在很多作品中评选出一个获奖项目，尽管根据规模和教堂尖顶能见度等原因需要对此获奖项目进行调整。公众对此进行抗议，询问为什么市政府选择一个开发商进行开发，而不是将该区域划分为小地块进行开发，使其具有更多变化，以及为什么公众意见没有被纳入决策中。

于是开始了几个月的争论，涉及无数新提案和反提案。威利・勃兰特・斯特拉斯大街上的一座大型办公楼被分为两部分，办公楼下面的五层建筑重现了 13 世纪教

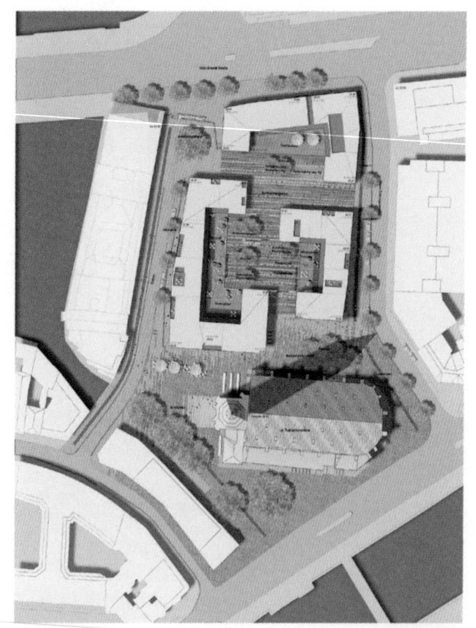

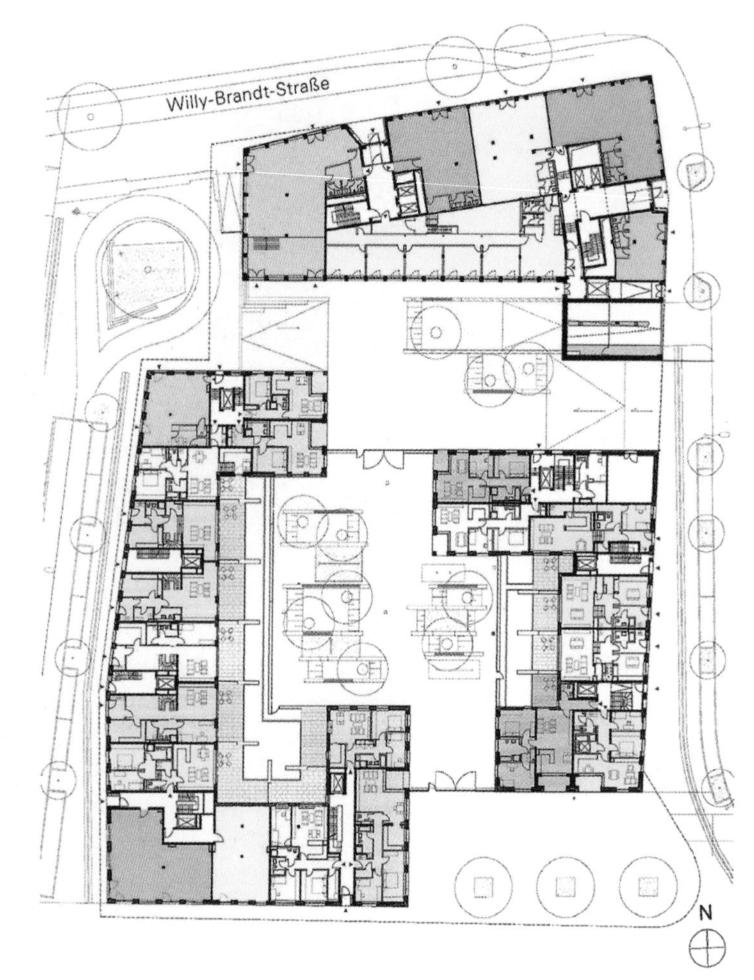

堂塔楼上的钟表这一珍贵景观。与其他普通的新办公楼形成鲜明对比，这座办公楼在一楼设有独特的入口和商铺，以便为街道上的人们提供便利。

在办公楼和教堂之间的新公寓楼，对街道、广场，私有庭院进行了重新定义。公众和专业人士的抗议活动取得了辉煌的成果。砖石，凉廊，凹处和屋顶斜坡各不相同的建筑，让人联想到该地区历史悠久的联排别墅。游客在建筑物中感到舒适，庭院是开放和封闭的有机结合。公寓楼靠近教堂，形成两个小型广场，广场上的花岗石路面和古树，营造了一种充满特色的氛围。

虽然面积不大，但凯瑟琳区的城市空间、建筑和功能都是城市中心改造的良好例范。与此同时，规划过程也是当代公众积极参与城市规划的一个重要范例。

凯瑟琳的开放式街区

三个新的开放式街区与教堂一起，重建了该地区的城市空间，拥有美丽的街景和内部庭院。教堂前面，新建筑带有纹理的外墙、教堂和广场的鹅卵石路面互相交融，令人叹为观止。

建筑师：KPW 帕佩瓦恩克及其合伙人

景观设计师：布莱曼・布鲁恩景观与建筑事务所

庭院空间

庭院小道上的石灰岩路面形成了一种不同寻常的归属感，花园里家具和广场上设施的精致设计，使得这种归属感进一步增强。

logan

直线型城市空间建设

直线型城市空间正变得越来越重要，因为它结合了多种形式——交通、运动、游戏、体验、社交和安全活动等。在郊区，它可以成为活动场所，并与当地城市空间之间形成支撑和连接。

焦点

- 直线型城市空间是公共空间的支柱，可提供交通，活动场地和安全感的场所
- 自行车和人行道结合了公共汽车，轻轨和汽车等交通工具
- 休闲、绿色的自行车和人行道与沿途停留、活动场所之间的连接
- 通行者使用的穿越城市的高速自行车道
- 人口密集区提供住宿，户外服务和其他活动，人行道非常宽阔

大城市的碎片空间由人们的行为所决定，往返于家和工作场所之间的通勤者，办事的人员，邮差，步行、购物和慢跑的人。以前家和工作地点的距离很近，现在家人和朋友遍布了整个大都市区。同时能够，提供活动、体验、安全的地方，对人们有很大的吸引力，而拥有密集的人行道和自行车道的直线型城市空间，可以满足人们的这些需求。无疑，这提高了拥有直线型城市空间的重要性。在没有中心区、碎片化的郊区，直线型城市空间可以成为碎片化区域的中心地带，成为聚集停留、活动或与其他人会面的场所。

鉴于传统城市广场特征和功能的变化，也应该看到这种发展。广场以前是人们会面和停留的场所，如今往往成为游乐场，绿色城市空间等具有特定功能的场所，所以开展特定活动，如跳蚤市场、农贸市场，人们之间的日常接触更多地发生在以骑自行车或走路为主的线性空间中。骑自行车的人越来越多，当地汽车交通管制的增强，加剧了这种发展，自然要优先考虑自行车道和人行道的发展，这与公共汽车和轻轨一起，在老城区和新城区之间形成了重要的轴线。在此，重要的是要记住，除了满足实际的交通需求，对汽车交通进行管制也有助于夜间的安全。

对郊区的划分，显示了复杂的无序连接，与中心城区有序且易于理解的特征形成鲜明对比。在建筑物中间漫步，体验它们之间的联系，这非常有吸引力。如果我们乘坐直升机观察一个大城市的郊区，我们可以十分抽象地说，直线线条本身有助于对郊区城市空间中分散的空心的建筑布局进

水平型轴线

哥本哈根温德大道通过改造，成为一条绿色长廊，车辆在其中缓缓通行，人们可以在道路中央或边缘区域歇息。

倾斜型轴线

位于哥伦比亚麦德林贫民区的户外电梯将人们从山区运至市中心。地铁电缆在其他地方也具有同样的用途。在这两种情况下，需要保证在住所处建立直线型的客运点。

行统领。通过这种方式，新的直线线条有助于创造新的空间以及新的社交聚集点。在一些地方，这些线条沿着城市的内部边界，在空隙中，在郊区的“接缝”处，当人们漫步其中时，首先会发现新的城市空间。

正如希勒斯・蒂贝尔吉安在介绍弗朗西斯科・卡雷里的书《步行风景》中所写的那样：“它也在行走，使得这个城市的内部边界变得明显，通过辨识它，了解了这个区域。这个美丽的标题“步行风景”从何而来？强调了这种整体（社会和个人）动力的启示性力量，从而改变了懂得看的人的思想。这样一个企业有一个真正的‘政治’利益——从字面上说——一种保持艺术、都市生活和社会化项目之间平等、充分的距离的方式，以便能够照亮这些空旷的空间，我们需要它们去好好生活”。[66]

这里展示了五个直线型城市空间的例子，每个例子都经历了改造和保留：哥本哈根的自行车道，巴塞罗那的现代步行街以及柏林和哥本哈根的宽阔人行道。

自行车道
哥本哈根

自行车道

哥本哈根的绿色自行车道。

插图：哥本哈根市

哥本哈根是大部分人喜欢骑自行车的欧洲城市之一。城市的自行车路线可分为三种不同的类型：(1) 沿主要道路和街巷的传统自行车道，通常在人行道和车行道路之间；(2) 现在正流行的绿色休闲自行车道网络；(3) 通勤者与邻近城市合作修建的高速自行车道网络。哥本哈根约有三分之一的员工骑自行车上下班，这给主要交通要道带来沉重压力，这些道路在高峰时段拥挤不堪。此外，骑行者在遇到红灯和到达公交车站时必须让行，这些因素增加了安全风险，降低了每个人的舒适度，这也是建立绿色自行车道的原因。

绿色自行车道的愿景是提高自行车交通的安全性，并鼓励更多的人在上下班时骑自行车。新的自行车道正在修建，以便骑行者可以在绿色的环境中去他们想去的地方，并且没有机动车交通的阻碍。道路网络是根据日

穿过一个公园

穿过恩雷布罗公园的双向绿色自行车道，如下图地图所示。骑行者给当地交通让路。

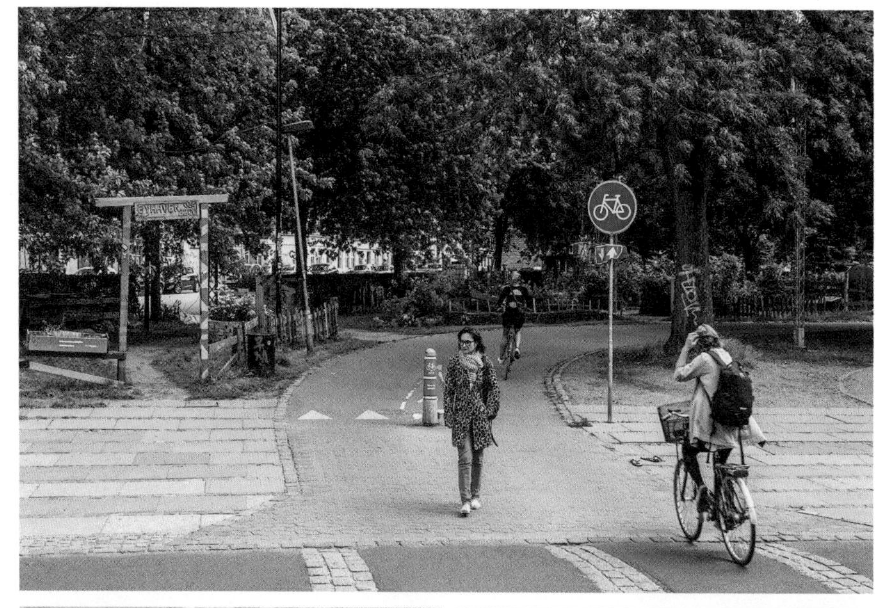

天桥

在一条交通繁忙的道路上方是一座现代化的自行车和行人天桥，天桥承载着腓特烈斯贝市至恩雷布罗公园的绿色自行车道。

交通量计算的。当然，也可以适用于绿色环境中的休闲。

哥本哈根的绿色自行车道与邻近的弗莱德里克堡市以及首都地区的道路相通，它们将成为全国和欧洲自行车道网络的一部分。

虽然休闲绿色车道也可供行人使用，但高速自行车道是专门为满足骑行者的需求而建。它们旨在为骑行者创造更好的条件，以便在长途通行时，更多人选择自行车而不是汽车。高速自行车道的设计尽可能减少障碍，并注重舒适性和安全性。

高速自行车道将住宅区与城市中枢地区相连，如教育设施和办公集中区域。舒适性是高度优先考虑的一个方面，包括光滑的路面、绿化带、倒计时信号灯、自行车泵、脚踏板和信息板等。道路必须形成一个集中的网络，通过该网络可访问沿线的交通总端口。道路必须注重变化和体验感，但畅通性是需要优先考虑的因素。

首都地区的 22 个城市正在共同建设规划中的 28 条高速自行车道。大约 500 公里长的高速自行车道网，将由国家和各城市市政府提供资金，并负责实际建设。长期目标是骑行者增长 30%，这将带来重大的环境效益。根据丹麦科技大学的计算，不算污染，哥本哈根每年花

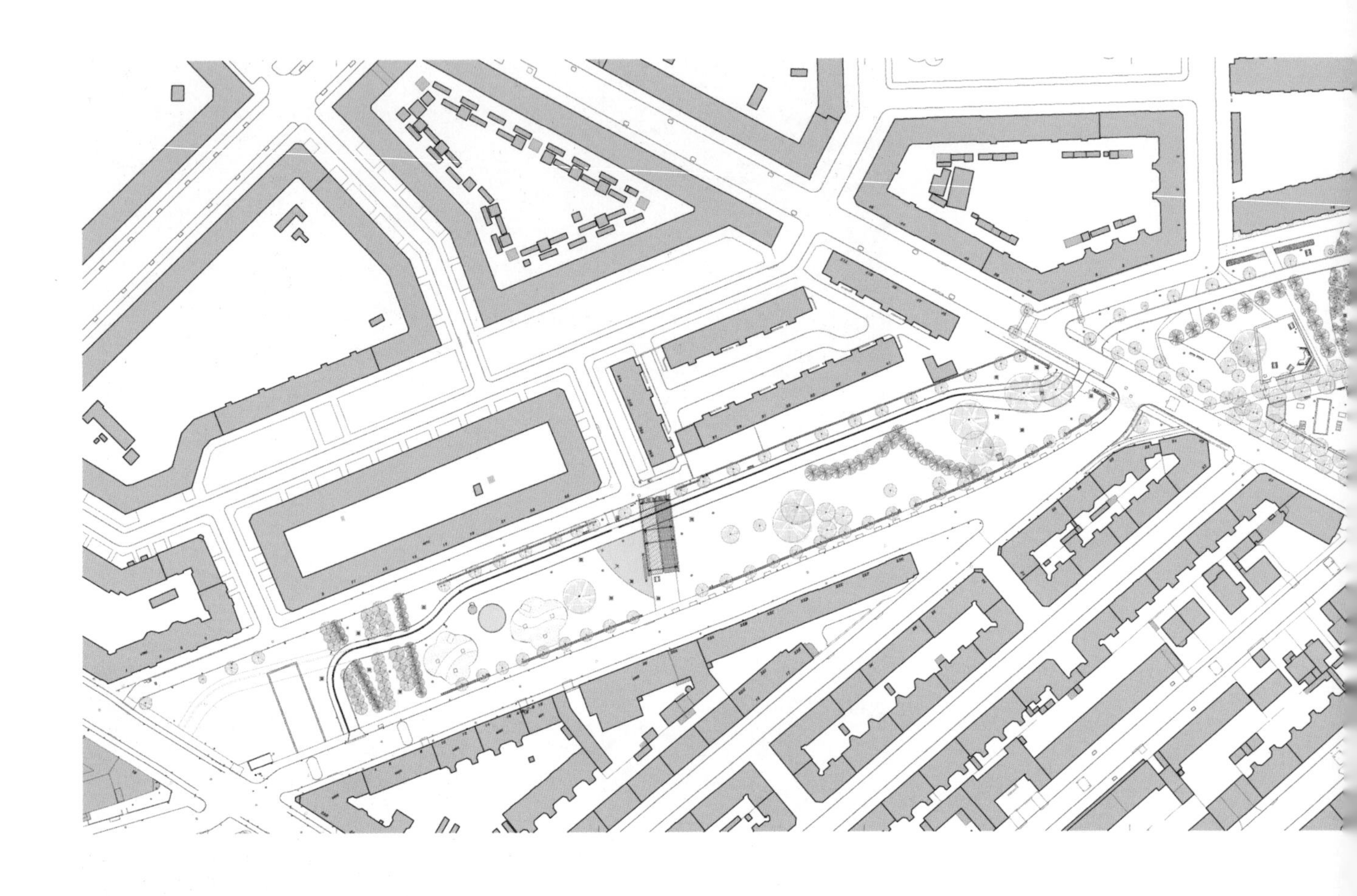

费近100亿丹麦克朗用于缓解城市交通问题，交通拥堵影响了首都竞争力，高速自行车道是缓解城市交通压力的一项举措。对自行车通勤者来说，更好的条件意味着吸引更多的人选择自行车而不是汽车，这一选择将增进人们的健康，改善城市环境并缓解交通压力，使每个人都受益。无数的研究表明，对于骑自行车的人来说，最好的城市，是能够在密集型城市中使用混合交通工具。[67]

带有停留区域的自行车道

绿色自行车道设有停留区域，右侧是一些长椅，左侧是运动器材。

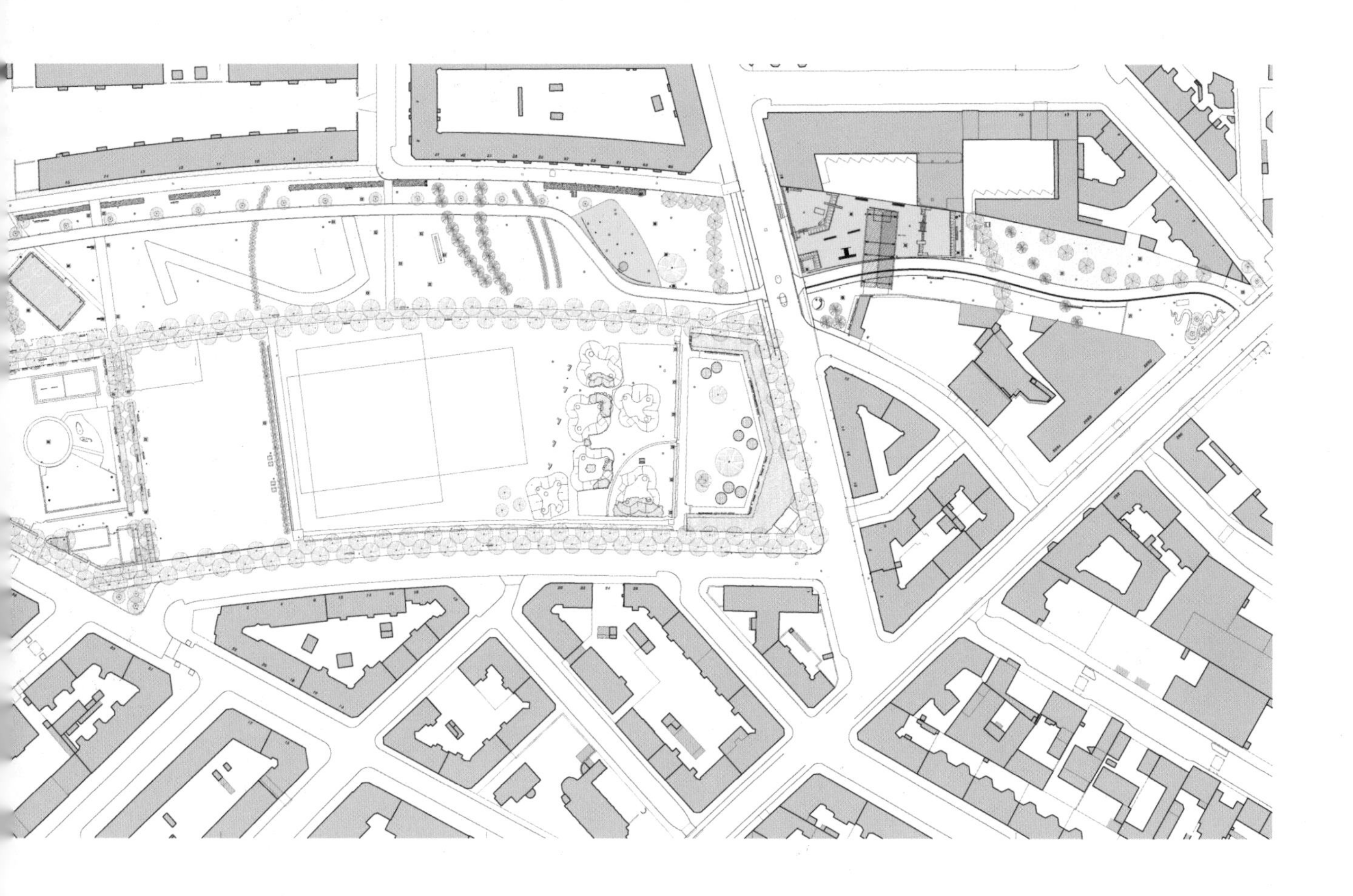

通过恩雷布罗公园的自行车道

恩雷布罗公园建于火车站的旧址上，自行车道融入了恩雷布罗公园。

景观设计师：GHB

为什么人们在哥本哈根骑自行车？

2012 年进行的一项问卷调查显示，人们骑自行车有几个理由：更快，占比 56%；舒适，占比 37%；健康，占比 26%；便宜，占比 29%；它增进了幸福感 / 一天的良好开端，占比 12%；工作距离更短 / 新住所，占比 9%；环境保护原因，占比 5%。

超线性公园

从恩雷布罗公园出发，自行车道继续穿过红色广场，黑色广场和绿化带，两侧有许多可供住宿或玩耍的地方。

建筑师：BIG，托波泰克

城市家具 ▶

受当地民族多样性的启发，苏佩基伦的家具来自世界各地。红色广场非常热闹，有滑冰场、秋千、球类运动等。黑色广场更安静，有可以攀爬的雕塑和长椅。

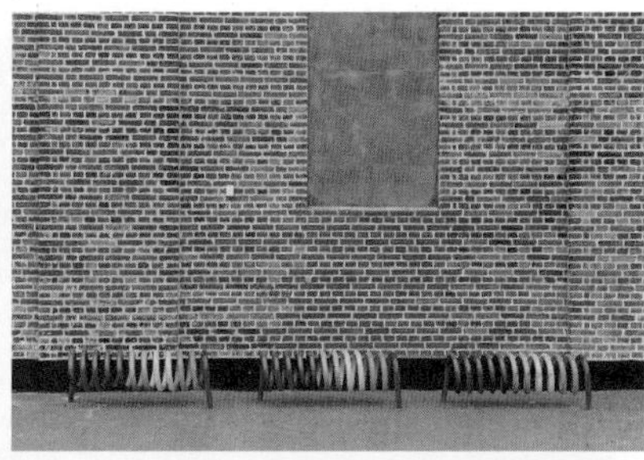

波布里诺的兰布拉
巴塞罗那

兰布拉的生活
兰布拉是一个自由空间，可以在此进行观察，也可以在此结识一些人，这里也是城市通行的一处安全场所。

巴塞罗那市中心东北部的波布里诺地区,施行了“22@ 创意街区”计划，旨在将土地利用强度低的工业区转变为一个建筑物密集的多功能城区，拥有新住宅、现代化公司和新的基础设施。这个想法是让波布勒努拉继续成为巴塞罗那的金融中心，在服务、新技术、信息、媒体和能源领域拥有现代化公司。整个区域将由直线连接的网络交织而成。当地大型公园将逐渐与小广场和道路相连，延伸人们的活动空间。现有的网格结构将为道路或活动中心提供有趣的建筑元素，如烟囱或旧工业建筑，为开放的城市空间形成支持。与此同时，该计划要建造一个超级街区，九个塞尔达街区，并优先考虑街区内的交通限制措施，以使行人和骑行者受益。根据计划，原来通过兰布拉、波布里诺的道路将由新道路进行补充，赋予每个区域自身

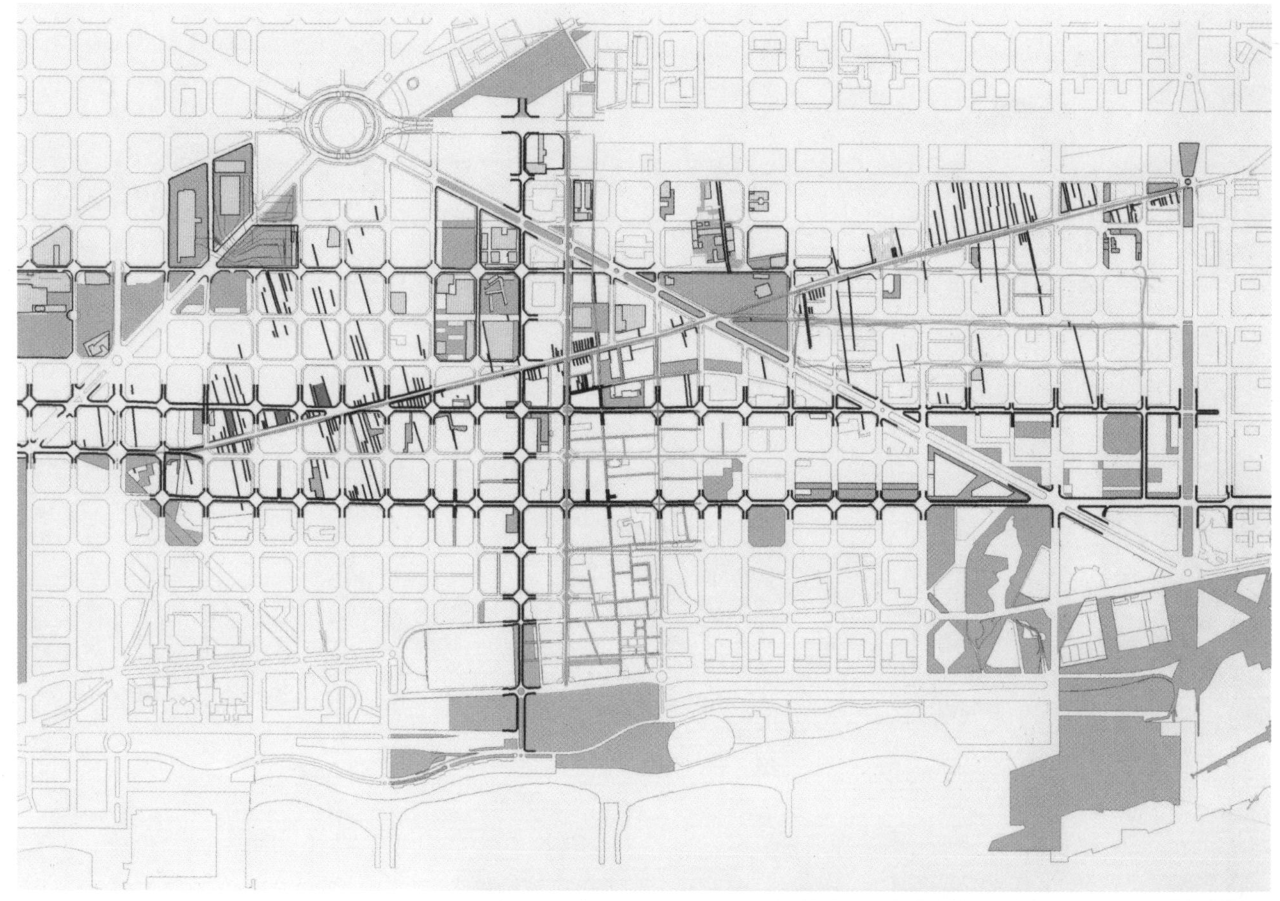

兰布拉的道路网络

波布里诺的新街道将进行升级，作为类似广场的大小型城市空间构成的网络的支架。[68]

的性格和特色。

街道将成为开放城市空间直线型排列的主干，旨在规范步行道和车行路。其中一条新街道克里斯特巴尔·德穆拉，根据建筑体量变化形成大小各异的城市空间，因此它在特征上是不对称的。这条街将成为城市空间的主要交通干线，在街区内完全或部分封闭空间中直线型排列的主干道，通过次级人行道再次与之连接。

圣约翰大道 巴塞罗那

塞尔达的网格宽 20 米，有几条 50 米宽的主要交通干线构成，中央大道两边种满树木。其中一条街道是圣约翰大道，它于 2012 年进行了重建，重建主要有两个目的，一是改善人行道通行状况，二是为原有的休达德亚公园建立一条绿色走廊。为了达到两个主要目标，基于三个基本原则进行重建。

首先，最重要的是在整条街道上，保持统一的横截面，通过将人行道的宽度从 12.5 米扩展到 17 米，使新的横截面对称，并用新的树木对百年老树进行补充，而一条新的双向自行车道将位于狭窄的道路中间。

其次，考虑到街道的各种用途和使用需求，有效发挥空间作用。其中 6 米的人行道专供行人使用，其余 11 米则专门用于不同类型的停留区域，

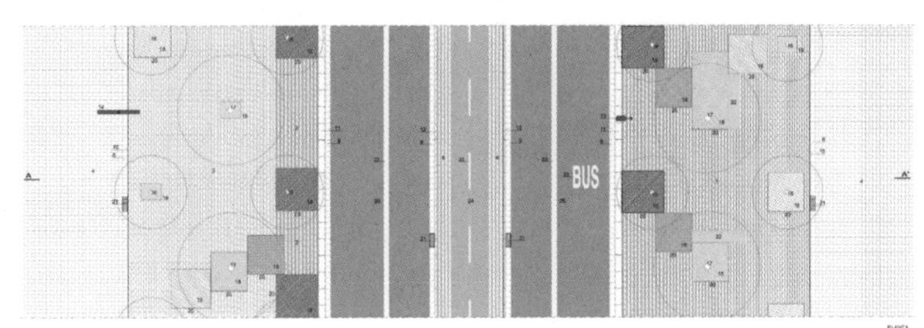

如长椅，游乐场和提供室外服务的咖啡馆等。与原道路相比，新的道路被缩窄，改造街道的关键是限制交通，建立独立的自行车道和在树下停留空间。最后，强化圣约翰大道作为通向休达德亚公园的生态绿色廊道的作用。在儿童和成人停留区附近种植当地的新树木和灌木，可以提供荫蔽空间，并丰富了生物多样性和土壤条件。考虑到整个新区域的可持续性发展，通过使用可渗透的人行道和排水系统，与当地雨水排水系统进行整合，就像自动供水系统一样，确保植被的生存。

在短短的时间内，圣约翰大道已经成为一个非常受欢迎，且人们经常光顾的线性城市空间。各个年龄段的人都来到这里，人们在设计细节精美的城市空间里进行活动，它为直线型城市空间增添了郁郁葱葱的绿色元素。

绿色走廊

对宽阔的圣约翰大道进行了交通控制，它被改造成一条适合步行的、对称的绿色走廊。

建筑师：罗拉多

照片：阿德里戈拉

玩耍和停留

在宽阔人行道的最外侧区域，时而发现游乐场地和停留的区域。

建筑师：罗拉多

摄影：阿德里·古拉

LAVALOCKER

奥得贝格大街
柏林

几乎在同一时间，塞尔达正在对巴塞罗那进行城市网格规划，测量员詹姆斯·霍布雷希特在 1862 年制定了柏林的网格计划。在历史悠久的市中心的外围，该计划根据网格对柏林进行建设，在随后的几十年里，为柏林发展成一个人口密集，有凝聚力，多功能的城市奠定了基础。换句话说，该计划是我们今天所见的柏林城市特征的重要组成部分。

城市规划确定了街道、人行道和广场的建筑高度和建筑红线，但没有规定个别地块的土地使用强度，这使得北部和东部工人阶级居住区的个别地块的土地使用强度极高。在 19 世纪末柏林快速发展时期，这片区域被建筑物正面和侧面，以及一排排后方的建筑物和庭院所覆盖。由于庭院空间较小，没有提供太多阳光和空气的空间，从一开始就需要宽阔的人行道，这是柏林大部分地区的特点，特别是前东柏林的普伦茨劳堡地区，人行道是为

普伦茨劳堡

普伦茨劳堡是德国儿童人口最多的城市之一，从城市空间就可以看出来。宽阔的人行道为婴儿车和童车留出空间，以便孩子们可以从家安全到达到托儿所。城市空间中的孩子多是城市质量高的指标，普伦茨劳堡无疑是欧洲最好的人文城区之一。

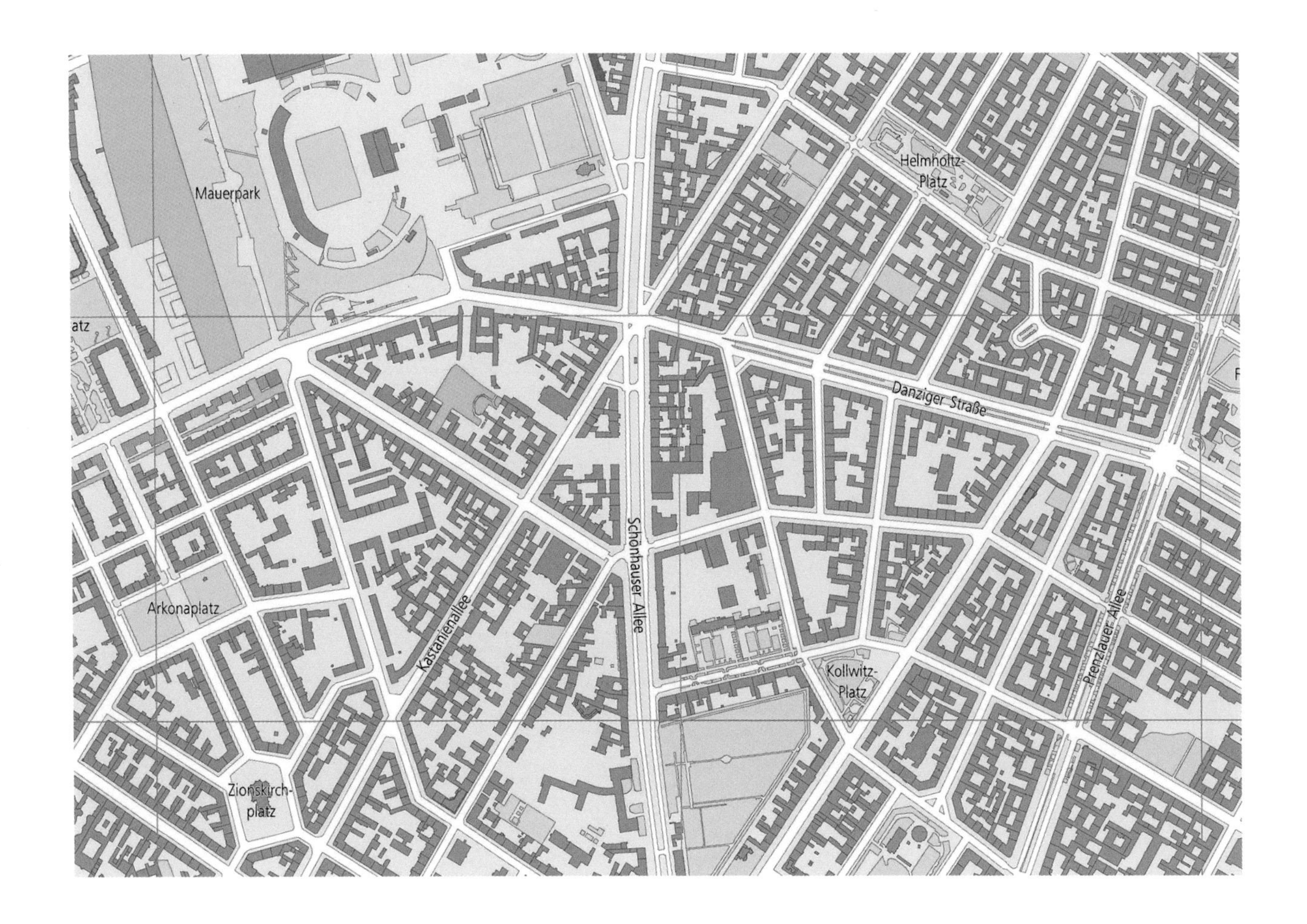

马匹和家庭从大型水泵取水使用，人行道很热闹，布满了商人，居民和孩子。宽阔的人行道是日常活动的场所，街区内的几何形公园被布置为休闲和散步的观赏花园。

今天，在柏林墙倒塌 25 年后，普伦茨劳堡的人行道和公园都有适应现代城市生活的新功能。旧公园为托儿所、游乐场、绿色城市空间以及每周的农贸市场和跳蚤市场提供空间。城市的日常生活在宽阔的人行道上展现，也为丰富多彩的咖啡馆生活提供空间，这里是人们最喜欢的咖啡馆，咖啡馆外面的桌子和长凳是聚会的地方，室外的加热灯和羊毛制品，将户外的季节最长延长至一年。灵活的外墙和折叠门有助于融合咖啡馆内外的气氛，街道边缘也保留了城市生活的气息，几乎不受天气影响。对于拥有自制椅子，长凳和花盆的居民来说，咖啡馆、餐馆、商店和非正式聚会场所都是如此。居民的休闲风格和人们对人行道的使用意味着，普伦茨劳堡的许多街道不仅用于交通，还是人们休闲停留的场所。

奥得贝格大街就是一个很好的例子。在这里，居民有悠久的传统，利用特别宽阔的人行道种植树木、灌木和花卉，使街道成为一个长长的城市绿色空间。最近街道更新期间，居民的绿色主张受到尊重，在小型绿地增添了公共长椅，作为人们在宽敞的人行道喝咖啡时座位的补充。

奥得贝格大街

温和的改造，维护了街道的绿色岛屿和各种花岗石路面，周围环境为人们带来了温馨的视觉体验。改造计划如下图所示。

建筑师：斯特恩

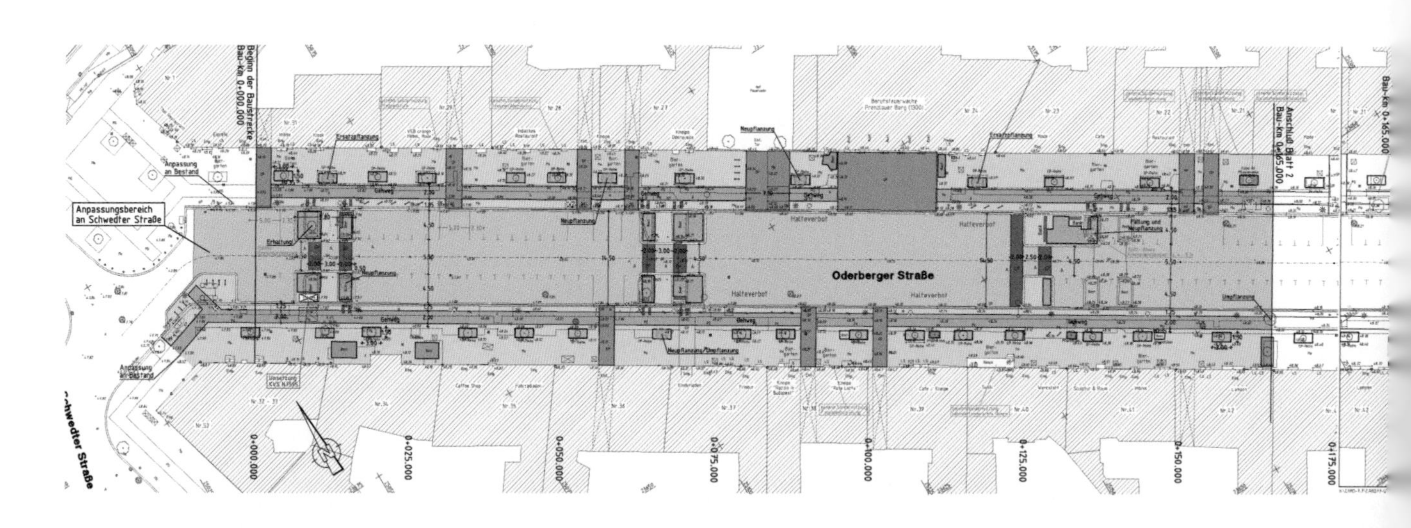

Lübzer
Hausgemachte Kuchen

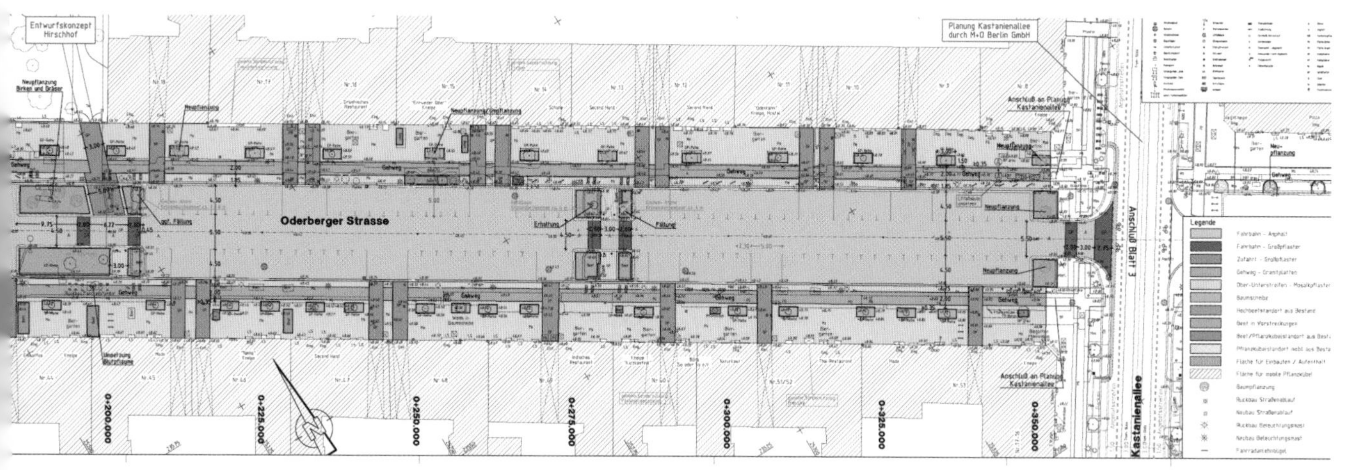
Entwurfskonzept Hirschhof
Planung Kastanienallee durch M+O Berlin GmbH
Oderberger Strasse
Kastanienallee
Anschluß Blatt 3
Legende
0+200.000
0+225.000
0+250.000
0+275.000
0+300.000
0+325.000
0+350.000

维斯特伏尔加德
哥本哈根

在哥本哈根中世纪城区的两侧，维斯特伏尔加德主干道已经被改造成一个长的绿色城市空间，改造将行人、骑行者和道路两侧的停留区域列为优先考虑的对象。街道改造的目标是创建一个有吸引力的长廊，吸引居民、游客一起参加聚会、商务接待、游玩以及开展文化活动。

维斯特伏尔加德的形象被改变了，街道向光一侧的人行道犹如林荫大道般宽阔，足以开展室外餐厅服务以及许多其他活动。此外，这条街道还连接了三个城市广场，包括但丁广场、瓦托夫广场以及位于莱格斯科尔大街前方的学校广场。但丁广场和瓦托夫广场铺设了新路面，重新进行了布局；莱格斯科尔大街的部分区域被划分给了学校广场。一排排树木和一条条石板路在广场上重复出现，从布局和观赏层面，树木和石板路在格调上都与维斯特伏尔加德主干道保持了一致。

宽阔的人行道和自行车道铺设了灰色调的大型花岗石，有三种纹理。新的圆形长椅、古典长椅、街道设施、照明设备等，提升了整个地区的品质和凝聚力。交通限制措施是该项目实施的前提，减少了车道和集中在街道背阴处的停车位数量。

维斯特伏尔加德已经从一个交通拥堵的道路，变成了一个有趣的城市空间，这是哥本哈根中世纪城区与历史城区之间的分界线。

更丰富的城市生活

宽阔的人行道使街道上的人流不那么嘈杂，也更加安全，和街道上的停留区域和户外服务场所一样，使人们的城市生活更加丰富。

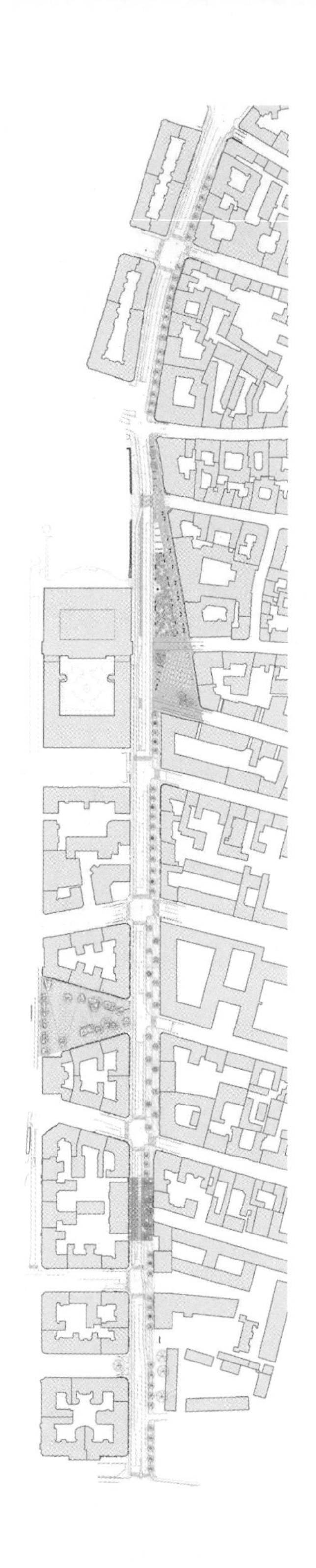

向光一侧

宽阔的人行道位于街道的向光一侧，汽车停在对面的阴凉处。

空间创造

下一页的页面上方是莱格斯科尔大街的前方区域，街道的部分区域被划分给了学校广场。下面是哥本哈根市政厅对面的瓦托夫广场。

景观设计师：GHB 景观设计事务所

Real Estate
The Real Estate Book
HATERS STEP OFF
FREE ISSUE
DAILY CALIFORNIAN
8C10937

chocolatier•blue
patisserie
BETTE'S OC
DINER
BETTE'S TO-GO
SOFT
SERVE

城市中心改造

本地区域中心是城市品质的核心，街道空间、广场，商铺和咖啡馆集中分布于此。当地的商业街周围都是由多层住宅和独户住宅组成的小型建筑区，不同年龄段和不同兴趣的人都喜欢在非正式的场所会面，应加强这些区域中心的作用，使其成为当地的商业、服务、文化和社会活动的中心。

焦点

- 可以开展各种活动的城市空间：商业活动，服务活动，俱乐部，组织和文化活动
- 为不同群体提供非正式的会面场所
- 交通的便利性，尤其适用于行人、骑行者和乘坐公共交通工具的人们
- 为新旧建筑之间的混合创造条件
- 功能上相互扶持，为本地的区域中心做出贡献
- 提高建筑质量，对商店外墙、人行道和街道设施进行翻新
- 与本地居民开展对话，营造对本地区域中心的归属感
- 由管理者对多个利益相关方进行协调，确保工作开展的一致性
- 新的大型购物中心必须对当地的购物街进行支持

城郊新辟的活力空间是城市活力的重要组成部分，虽在传统意义上城市公共空间很少，但也有许多“新”的场所，人们聚集在一起开展各种各样的活动，在开发不同类型公共领域方面，这些场所是被视为极具潜力的。“新”场所集中了住宅、办公、休闲、购物和体育馆等。在《寻找新的公共领域》一书中，哈哲尔和雷吉多普指出了在对郊区进行城市规划时，社会和文化行为的重要。“为了能够运用公共领域的这一发展潜力，既需要制定有效的文化战略，还需要制定城市发展规划，以利用和整合各种资源促进城市发展，或者以一种意想不到的方式刺激城市的自然发展。换句话说，城市化能够带来空间、社会、文化间的交融和冲突，这也意味着内城区不会被抛弃：城市郊区与城市不是对立的，城市郊区是城市的一部分。随着消费、娱乐和旅游业在城市更大区域的扩展，老城区的吸引力也在增加，也可以从中获益。”[69]

郊区最重要的区域中心往往是古老的村庄，现在已经被纳入城市发展。传统上，村庄是贸易和服务中心，也是当地居民的社交场所。如今，他们仍然发挥这样的作用，因为人们被古老商业街的氛围所吸引。商业设施和服务仍是当地区域中心的关键驱动因素，因此当地区域中心面临着商业和服务集中化的巨大挑战。

当地区域中心面临的挑战是零售业的持续竞争，店铺必须满足不断增长的规模要求，同时应对来自网络贸易的激烈竞争。这一发展对市中心以外区域的店铺数量和多样性带来同样持续性的压力。偏远地区店铺

氛围和体验

除了拥有专卖店，零售商店和咖啡馆以外，当地区域中心必须适合人们在此停留，并且适合人们在此会面和体验。

受到的影响最大，但商业街上的店铺也受到影响。因此，对地方区域中心进行协调和规划，这非常重要。

虽然近几十年来哥本哈根地区的小型零售店铺数量逐渐减少，但新的大型零售连锁店的数量却在急剧增加。在人口密集的城市地区，这种发展导致零售店的集中度高于杂货铺。这一趋势使得区域中心面临压力，因为杂货铺旁边的零售店铺是吸引当地客户的重要参数。

通过立法，丹麦政府正试图影响零售店的发展，而零售店铺在哥本哈根地区发挥着重要作用。选择店铺对当地居民来说很重要，正如有吸引力的店铺总会吸引游客和其他顾客一样消费。零售贸易占首都地区商业活动和商业场地很大一部分比例。丹麦环境和食品部制定了以下目标[70]：

- 促进零售贸易结构分散化，包括小型社区，铁路城镇和中型城镇；
- 加强现有的城镇中心建设，确保中小城镇以及大城镇地方区域中心商业选择的多样化；
- 零售业促进城市转型而非城市扩张；
- 限制运输距离，减少购物过程对汽车运输的依赖；
- 可通过各种交通方式到达购物区，特别是可通过步行，骑自行车和乘坐公共交通工具到达。

专卖店的重要性

专卖店体现了城市中心品质和特征。

这些目标也适用于密集城市中的当地区域中心。加强商业建设必须将店铺的可到达性与良好的城市空间相结合。为了使当地区域中心更具吸引力，除了店铺外，这里还有咖啡馆、餐厅、文化活动场所、舒适的户外活动空间和清净的场所，同时又与城市生活和城市居民存在联系。氛围上必须保持一致，特别是在新老建筑相结合的地方。当地区域中心通常是古老村庄的核心地区，新旧建筑的混合有助于营造氛围，一楼的店铺丰富了人们的街道生活。

为了保持活力，有必要建立一个新的购物中心，同时保留原有商业街上的传统商铺。下文中，关于哥本哈根市中心周边的瓦尔比和范尔斯这两个案例可以证明这一点。核心挑战是，新的购物中心要与传统店铺合作，为客户提供商品和广泛的服务、多样的选择。新的购物中心必须面向外部，从周围的街道和广场可以直接进入店铺，因为人们在广场停留，并不是城市生活的保证。由数字空间和其他网络组成的新公共领域与城市公共空间无关。因此，为了促进当地区域中心的社会互动，规划者必须以俱乐部、体育馆、健身中心、文化场馆、电影院等项目增加区域中心活力。

规划和功能集中至关重要，使贸易、交通管制、俱乐部、组织、文化和体验相互支持，当地居民也必须参与这一过程。在下列关于哥本哈根的两个例子中，通过与当地居民开展对话，制定了当地的规划。在城市空间中通过调查问卷、研讨会、电子媒体、传统会议和社交活动等方式开展工作。

哥本哈根的例子，是使两个古老的村庄恢复生机，成为当地的区域中心。里昂从20世纪70年代起，为了重建一条传统的购物街，对修建大型购物中心进行拆除。

哥本哈根的中心结构

该地图显示了哥本哈根地区的零售贸易中心。下页介绍的当地区域中心瓦尔比和范尔斯被标注了黄色圆圈。

插图：2008年的规划平面图

新区域中心

哥本哈根郊区的索根弗里正在建立一个新区域中心，拥有住房，专卖店和城市空间，与一个旧车站相连。

建筑师：波利弗

瓦尔比市中心
哥本哈根

城市中心

该区域的历史中心是瓦尔比丁斯特广场，在航拍照片的中间显示。原始村庄的有机结构是城市魅力的重要部分。

照片：哥本哈根市

这个区域中心位于哥本哈根市中心以西的瓦尔比。此城市区域中心源自原始村庄，这可以从街道类型和保存下来的旧式低层建筑看出来。这些旧式低层建筑在20世纪70年代曾受到了拆除威胁，由于当地居民的抗议才得以保留。

近年来，传统店铺很难生存，专卖店也关闭了，留下了空置的房屋。虽然整个地区拥有庞大的商铺网络，但几年来显而易见的是，为了吸引瓦尔比居民更大程度上在当地进行贸易，必须加强居民对瓦尔比当地区域中心店铺的选择。考虑到这一点，2007年通过改造旧棉纺厂建立了一个新的购物中心。该购物中心设有许多新的店铺和超市，其使命是使城镇中心重新焕发生机。重要的是在购物中心和旧购物街之间建立协同效应，包括专

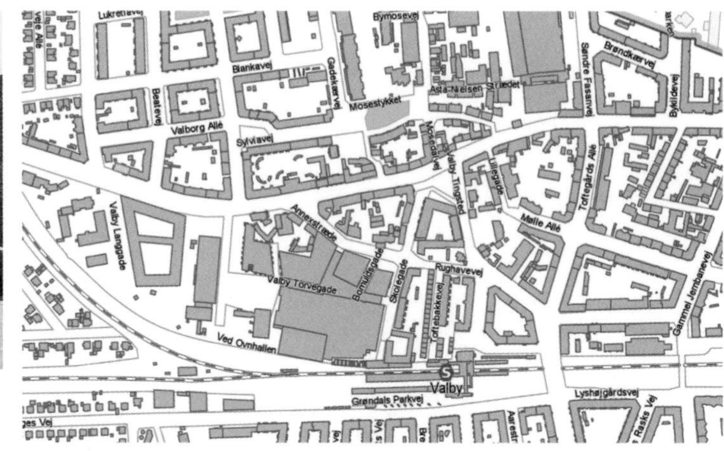

历史和保存价值

上面的地图显示了村庄古老的道路网以及大型工厂建筑，如今，这里已经变成购物中心、活动中心，学校及其他建筑。

下图显示了1990年左右瓦尔比区域中心值得保存的建筑物的登记。

插图：哥本哈根市

卖店和咖啡馆。这需要采取多种的方法，由当地几个参与者在项目上进行合作，并执行缓解交通和物理改善的计划。当地的项目协调人员必须：

- 设置一条带有标记的购物路线，对本地区的历史进行概述；
- 制定店铺规划和发展战略；
- 提升商铺外墙、街道路面和家具的美学品质；
- 促进店主之间的合作。

虽然目标侧重于贸易和店铺，但他们也表示，要达到目标，必须提高城市空间的品质。当然，必须采取必要的物理和建筑措施，在建立认同感方面，当地的历史也是一个非常重要的因素。简而言之，创造一种对人们有吸引力的氛围，确保未来当地也有一个活跃的区域中心，这一点至关重要。

历史悠久的广场

旧的立法场所已经被改造为一个现代化的城市空间和集会地点。

新区域中心的功能

被遮挡的现代化购物中心，与旧购物街相互支持。

建筑师：AK 83 建筑师事务所

MR POW
SAINT TROPEZ
SHOPPING SHOPPING
SALE
MR POW

SPINDERIET

范尔斯当地中心
哥本哈根

新住宅和商铺

在铁路左侧，正在建设一个新的购物中心，购物中心上层是住宅，购物中心将更加丰富人们的城市生活，并成为现有商铺的补充，购物中心建设的初衷，是希望当地居民很大程度上会在本地购物，而不是去临近的大型购物中心。

建筑师：POLYFORM

范尔斯是一片绿色的城区，以独户住宅和独立公寓楼为特色。多层建筑建在大路旁边。该地区有三到四条街道，商铺分布广泛，区域中心位于范尔斯车站的杰恩·阿勒，这里有通往市郊的火车、地铁以及公共汽车。杰恩·阿勒的铁路高架桥和车站，无论从视觉上和功能上看，都是区域中心的象征，三到四层的建筑物别具城市特色，底层是商铺。车站铁道的两侧各有一个广场，车站南面是一个小广场，可通往文化中心，那里有图书馆、电影院、餐厅、咖啡厅和超市。在夏季，广场中间有一个小凉亭，可为人们提供户外服务。

车站的北面是范尔斯广场，该广场建于2004年，具有多种功能。广场是一个交通枢纽，有地铁、通往市郊的火车、公共汽车以及自行车停放处。

重点

铁路右侧是一座建筑群，有超市、社区中心、电影院、餐厅和咖啡馆。图中最重要的是杰恩·阿勒，一条传统的购物街。

照片：哥本哈根市

两个广场

铁路两侧的广场通过地下隧道与车站相连。大一些的是范尔斯广场，广场上经常有集市和流行的跳蚤市场。

在广场的安静角落，有一个餐厅，桌椅摆放在餐厅外面，还有一面低矮的墙，旁边有长椅，人们可以在树下停留和休息。广场的地面使用优质材料进行铺设包括：花岗石、鹅卵石和瓷砖，在多数周末，广场都充满着活力：举办集市、城镇庆典、跳蚤市场等活动。

在车站的北面，正在修建一座大型建筑，其中心功能位于底层，上层是住宅。底层被设置为公共服务区，拥有商铺和餐厅，直接与广场和街道相连，为人们提供一个安全的城市空间。

政府的目的是通过在新的购物中心开设大量的零售商铺，提供文化、娱乐活动，强化范尔斯的区域中心地位。此外，它应该起到磁吸效应，提高居民的认同感，丰富人们的城市生活。

沃昂夫兰
里昂

购物街

一条传统的购物街和人性化的新建筑取代了被拆除的20世纪70年代汽车服务超级中心。

从20世纪70年代开始，将大型购物中心改造成法国郊区沃昂夫兰的传统购物街，这令人深思。早在20世纪70年代，里昂郊区的区域中心计划，包括建立一个占地25000平方米的巨型商业购物中心，名叫大维尔。原有的商业和管理机构在此集中，许多新的商铺和像宜家这样的大型零售商也陆续迁入。镇政府大楼也与该中心合建，购物中心要高于镇政府大楼。该中心按照交通分离原则进行规划，拥有良好的车道和充足的停车位，只有一条凸起的人行道供行人使用。该区域根据现代主义原则进行的规划，为住宅、商业和功能中心设置了独立区域。

大维尔在20世纪90年代开始失去动力，大型零售商撤离，其他商铺也逐渐关门，有些商铺破产。20世纪90年代中期，政府决定直接将大维尔

之前和之后

上图：从1970年开始拆除的汽车服务中心的航拍照片。右图：新的混合中心综合体的模型照片，购物街以及街道边上的住房。

插图：沃昂夫兰地区的城市项目

夷为平地，然后在10公顷的土地上建造一个传统的区域中心。该项目由地区、地方政府和法国政府提供资金。

新的区域中心围绕街道，林荫大道，广场和公园进行开发，新建筑是灵活各异的高品质建筑，极具人性化。该综合体包含多种功能，包括住宅、商铺、私人和公共服务空间，住宅包含私人住宅和社会福利住宅。区域中心围绕着一条购物街而建，有公共汽车可乘坐，它已成为当地的新中心。街道上有商铺，街道入口处有超市。新区域中心的发展取得了成功，在几个街区继续开展了住宅、商业和服务和教育机构的建设。一切都围绕着定位明确的城市空间进行设计，极具人性化。

沃昂夫兰地区的改造已持续多年，未来几年将继续进行，它以传统购物街为主体，辅以商铺、超市和公共服务设施。

从国际视角来看，沃昂夫兰的区域中心很有趣，因为它是一个案例，由汽车服务中心改造为购物中心，然后倒闭，又改造为传统的开放式购物街。因此，它为许多国家提供了一个有趣的替代方案，而在这些国家，正在将传统的购物街关闭，而将其转变为封闭式的购物中心。

发展新的密集城市区域

新城市区域是指对现有的城市结构无影响的地方，如旧的火车站、港口、社区花园、军事或其他建筑稀疏区域。新城市区域最好为现有区延展空间城市，它提供了新旧建筑之间的即时连接，以及我们从传统城市中所了解的整体性的街道和城市空间。

焦点

- 建筑作为现有建筑和街道的延伸
- 四至六层不等的街区建筑
- 可从公共街道直接进入
- 多样化的城市空间，街道、宽阔的人行道和小型封闭的广场
- 有趣的交错街道模式，行人通过时可以看到各种不同的景观
- 城市规划对景观进行控制，确保在该地区散步是一种高品质的体验
- 住宅和商业的混合
- 有趣的底层建筑，商铺、服务、创意工作室等
- 私人和公共空间之间的边缘区域
- 街道和内部庭院之间的视觉接触
- 地下停车场
- 为行人和骑行者创造良好条件，可选择当地汽车交通（共享空间）

本书支持层数低密度高的城市，作为原有城市空间和建筑的延伸，新的区域得到有机的发展。这种方法确保了现有建筑与新建筑之间的直接连接，同时考虑到街道和城市空间。事实上，利用这种传统方法可以免费获得许多东西。原有城市的开放空间可以转变为新的封闭式城市空间，成为新老建筑的汇合点。与此同时，新建筑既对原有商铺和服务形成支持，也可以从中获利。在密集的传统城市，可以直接从街道的入口进入公寓。窗户与街道之间的直接通道和视觉连接，使街道成为一个有趣和安全的场所，让人们“眼睛都盯在大街上”。

街区结构是城市发展优先要考虑的，因为它形成了定义清晰和易于理解的城市空间。与此同时，它创建了受保护的绿色庭院，这对家庭很有吸引力。从楼梯入口直达城市空间，是防止建筑物变成封闭的飞地或封闭社区的最佳选择。有很多方式可以改变街区的设计，如公寓楼，联排别墅，住宅和商业的联合体。它们可以通过高度变化、屋顶露台、缺口和大门，以不同的密度和创造性的进行设计。

在新的城市区域，街区建筑结构为每一建筑的设计和外墙的规则提供了良好的框架，使得一定程度达到了同质性和统一性，使其成为城市中一个独特的、可识别、有名气的地区。

在设计新的密集城区时，应优先考虑视觉和空间体验，并应避免单调街景长时间展现。相反，街道体系应具有变化性，使穿过该区域的行人可以看到一系列美好的景观、感受到令人惊讶的体验。应通过

封闭的城市空间

位于哥德堡港口的新城区，街区和联排别墅创造了一个和谐的城市空间。

大门和其他开口，从视觉上将街道和内部庭院进行连接，在这种情况下需要有地下停车场。根据该地区的人口数量确定广场的大小，进行合理规划。

重点不仅在于创造空间变化以提高我们的视觉体验，还在于环境对身心的影响。在他的著作《肌肤之目：建筑与感官》一书中，尤哈尼·帕拉斯描述了我们的空间体验如何依赖于周边视野，成就了人与空间的融合。在视野之外体验的无意识感觉区域比目标视野之内带给人们更大的感官影响。“这些观察表明，与自然环境和历史环境的强烈情感交融相比，我们这个时代的建筑和城市环境往往使我们成为局外人，原因之一是我们对周边视野领域的缺乏引导。无意识的外围感知将视觉感受转化为空间和物理体验。周边视野将我们与空间融为一体，而目标视野将我们推出空间，使我们成为局外人。”[71]

上述问题可以通过合格的城市规划框架以及与私人投资者和建筑商的互动来实现。地方政府应就城市公共空间的质量以及如何处理个别新建筑与私人、边缘地带和城市公共空间连接的关系制定原则。如上面的引文所示，使用带有纹理的建筑材料对我们、我们的身体及我们的感觉来说很重要。

以下页面显示了在前工业区的基础上新建密集型城区的例子：柏林的铁路产业、哥本哈根的港口区以及斯德哥尔摩的工业和港口区。它们原本就坐落于密集型城区。

马尔默 BO01

小镇的一个新区域，拥有精细网状的街道系统、小型广场和风格多样的建筑，交汇于一个美丽的海滨。

欧洲城市
柏林

柏林新的城市密集区

新区遵循柏林的街区结构和边缘建筑原则。尽管有几座塔楼作为焦点建筑，但建筑物一般保持在五至七层。

插图：普罗姆

柏林有机发展新城区的历史悠久，这里提到的是柏林在20世纪初为其日益壮大的中产阶级精心策划的开发项目，如第35页的航空照片所示。这些城市区域由建筑公司建造，除了街区内部的绿化区外，还包括绿树成荫的街道和广场。这些城区在欧洲建筑史中占有一席之地，它们仍然可以为建筑师提供灵感。

正如《历史概述》中所述，现代主义在第二次世界大战后的30年里，以广泛分布的公寓楼和高层建筑的形式在柏林留下了痕迹。大约在1980年，柏林市政府决定拒绝现代主义，支持历史密集型城市，并制定了一项政策，以恢复和重建历史城市结构，如1980年国际建筑展览所示。除了少数特例，这项政策仍然有效，这一点在城市重建章节的案例中已经得到证明。

铁路产业

图为正在建设的新区，这里之前是一片铁路产业。柏林的地标，亚历山大广场的电视塔，可以从图后方的左侧看到。

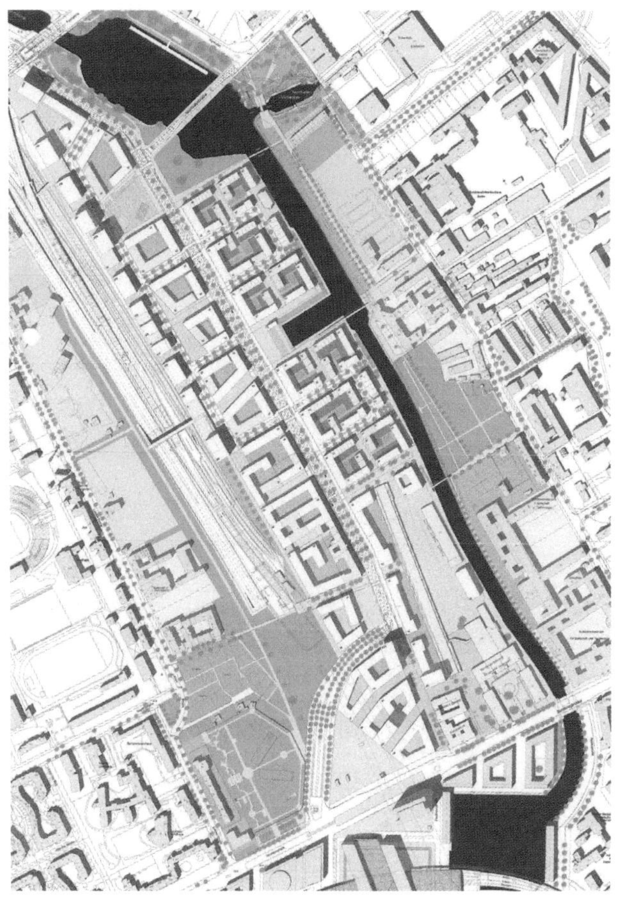

变化的街区

街区结构是城市规划的承载原则。一条公路和林荫大道横穿该地区，从居民区通往运河的交通，优先考虑行人和骑行者。自行车和人行天桥穿过运河，与现有的城区相连。插图：参议院城市发展部

拥有框架型街道和广场的密集城市理念也适用于柏林的新城区。这个名为欧罗巴的新区，在进行规划时对此进行了强调，该区在柏林火车总站以北的旧铁路产业的基础上进行建设。

新城区以密集、多样的街区结构为基础，偶尔还建造一些高塔。在第二次世界大战的轰炸中幸存下来的一些建筑正在被纳入该计划，中心广场将为本地的历史和身份认同提供有价值的参考。

该地区位于这样一个中心位置，预计将成为一个有趣和活跃的城市区域，融合了住宅、商业、服务和文化活动。该设计旨在支持人们在公共空间的生活。底层预留给商铺，餐厅和其他外向型企业。为了奠定底层商业活动的基础，该计划明确禁止建立购物中心。该计划的总建筑面积约为 61 万平方米，其中 58% 用于办公室，34% 用于住宅，5% 用于商铺和餐厅，5% 用于文化活动场所。

新城区将通过为行人和骑行者提供的绿色空间和道路网络与周边地区相连。主路是一条绿树成荫的林荫大道，有宽阔的人行道、受保护的自行车道和公共汽车道。

新城区的目标是提供优质的建筑和建设。其采用的手段是，部分公有制、推行积极的措施和与投资者开展

对话。这些投资者重视城市设计师和市政府对设计进行参与，有利于保证城区的建筑质量，从而有助于确保他们作为投资者的长期利益。这是一个有趣的观点，可以从新的或已完成的城市改造案例中找到一些端倪。政府在城市规划中的作用在增强，这是一个积极的现象，而长期以来，都是私人开发商在项目上独立运作。另一个重要的趋势，即这种转变的基础，是人们希望生活在一个既有良好体验、又非常安全的密集型城市。毋庸置疑，这是投资者能够将项目进行出售的前提。

欧洲城市
从柏林市中心看到的新城区的模型照片。

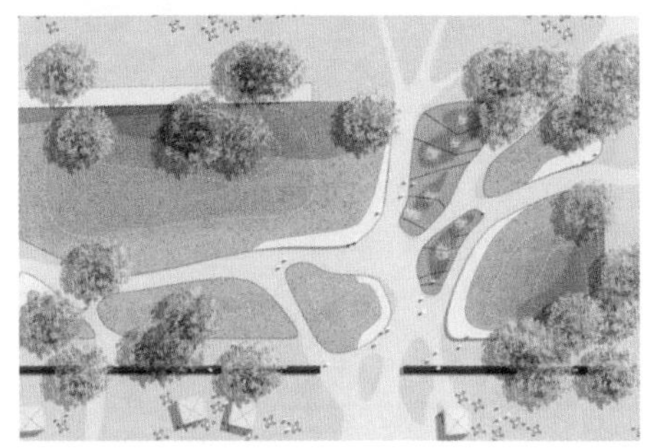

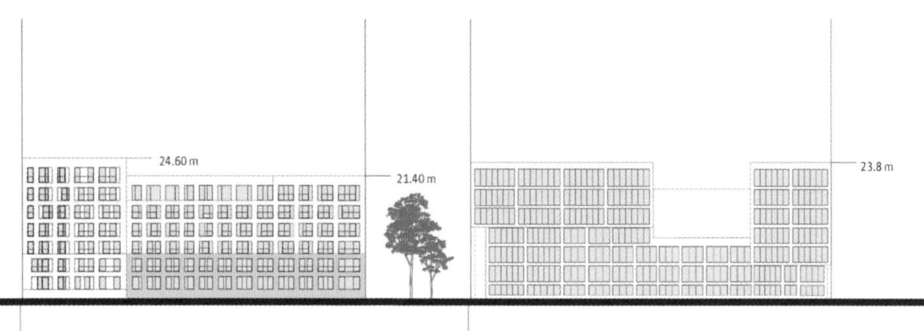

5

6

多用途区域

该区域将拥有绿色庭院、办公室、商铺、餐厅、艺术画廊、运河长廊和城市公园。

插图：参议院城市发展与环境管理局

诺德汉
哥本哈根

城市扩展

奥胡斯加德区将从现有的斯特罗布罗加德区扩建，奥胡斯加德区延伸到新区，形成一条购物街。

建筑师：科贝，斯莱思，波利弗

奥胡斯加德区是哥本哈根北部海港大型新区建设的第一阶段，将在几十年内建成。新区与现有的斯特罗布罗加德区直接相连，将是住宅和商业的综合体。该地区有几个旧仓库、粮仓以及其航运历史的一些标志物。这些建筑和标志物将保留下来，并融入新城区。作为独特的地标性建筑，几个高大的粮仓将被改造成住宅或办公室。

新城区的建设将极具人性化，由四到五层的建筑物，封闭的街道和不同规模的广场，共同形成一个城市空间。该计划的一项主要议题是，将奥胡斯加德区的主要街道延展到新区，并对底层的商业活动做出限定。另一个积极的特点是：交错的内部街道、封闭的街道和城市空间，使得视线常常被建筑物所遮挡，无法看到临近的其他街道。

街区的建筑基于经典的哥本哈根建筑风格，阳光可照进公寓、阳台、屋顶露台和花园。街区内部为绿色庭院提供空间，就像屋顶支持绿色露台和太阳能电池板一样。公寓入口可由公共街道直达，公共街道存在各种类型的边缘区域，与私人和公共领域之间形成过渡。街道和私人公寓入口之间的这种连接，有助于营造一种安全感。

总的来说，诺德汉将是住宅和商业的混合体，市场将对它们之间的分配进行调节。希望有足够的住房，这样在下班后，该地区的生活就会十分丰富。在这样一个由住房主导的区域，人们希望与街区存在很强的联系。人们从此区域走过，暂时忘记了他们在哪里，偶然发现一个带咖啡馆的小广场。在任何情况下，奥胡斯加德区都是向人口密集、凝聚力强的城市进行转变的正面案例。

景致

新城区的景致被运河和开阔水面的美丽所渲染。几座坚固的旧式海港建筑被整合，成为该地区的特色建筑。

紧凑的区域

一个密集的绿色城市区域，四到六层的建筑，附近有商铺、服务区和地铁站。

建筑师：科贝，斯莱思、波利弗

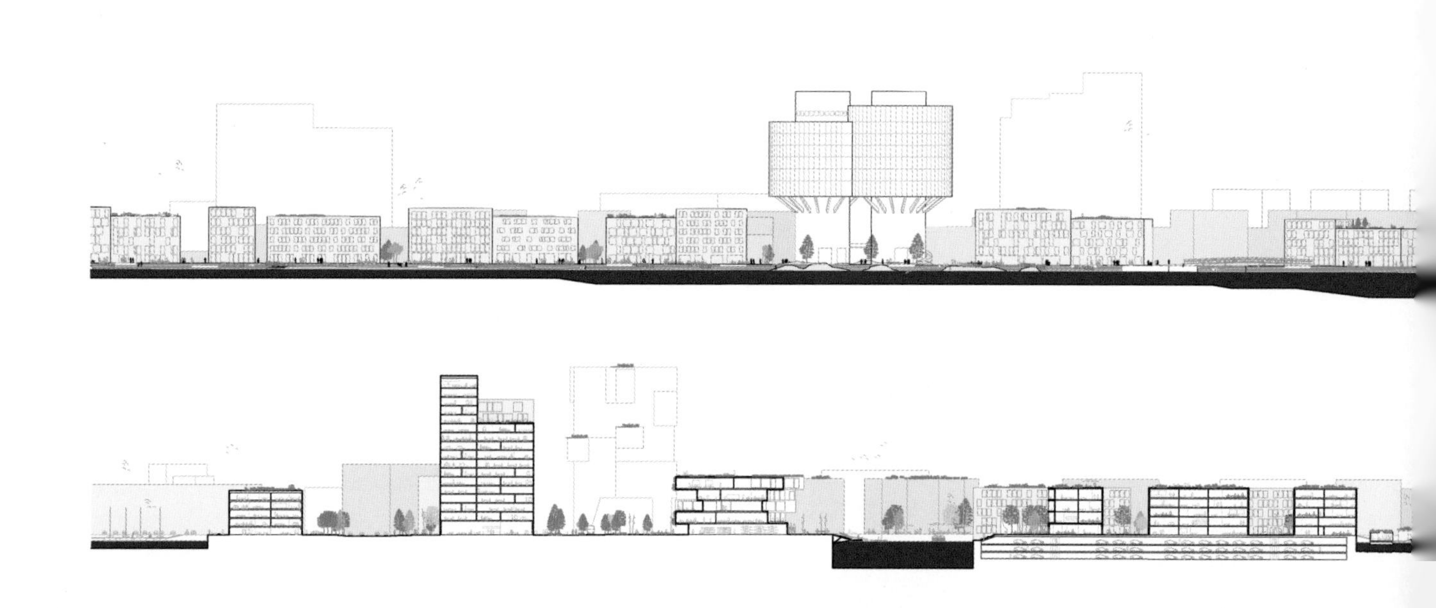

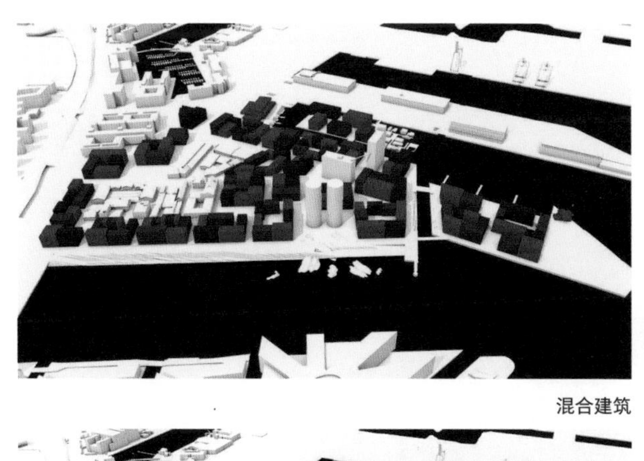

混合建筑

大型建筑

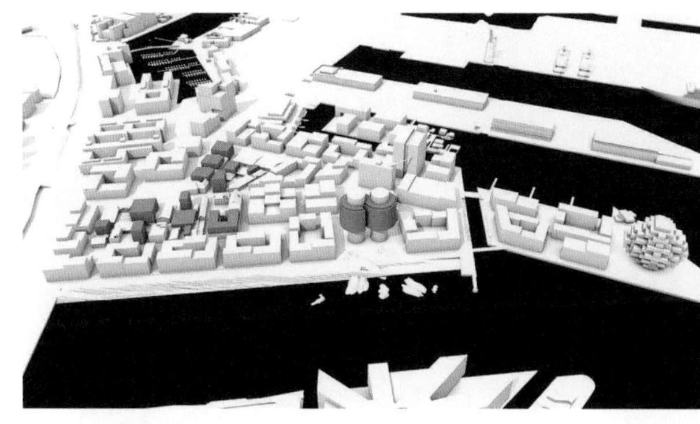

附属建筑

绿色建筑

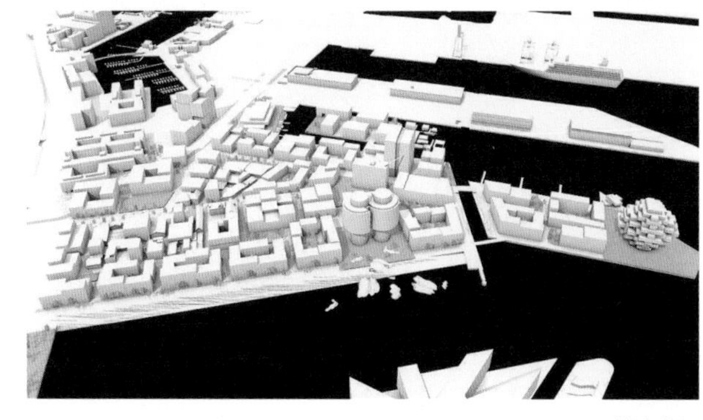

城市空间

地铁站

◀ **诺德汉的轮廓**

城市这一部分的轮廓将很低，偶尔会出现粮仓，如对面图例所示。

城市规划主题

上图展示了一些城市规划主题。

有着巨大的吸引力的城市公寓

诺德汉的新公寓供不应求。哥本哈根市中心尽管人口密度很大，但其水资源丰富，前景广阔。

街道生活和港湾生活

左图：奥胡斯加德区购物街上有很多底楼都是商铺、咖啡馆和其他面向大众的企业。右图：码头区和水面将成为新城区的休闲场所。

建筑师：科贝，斯莱思，波利弗

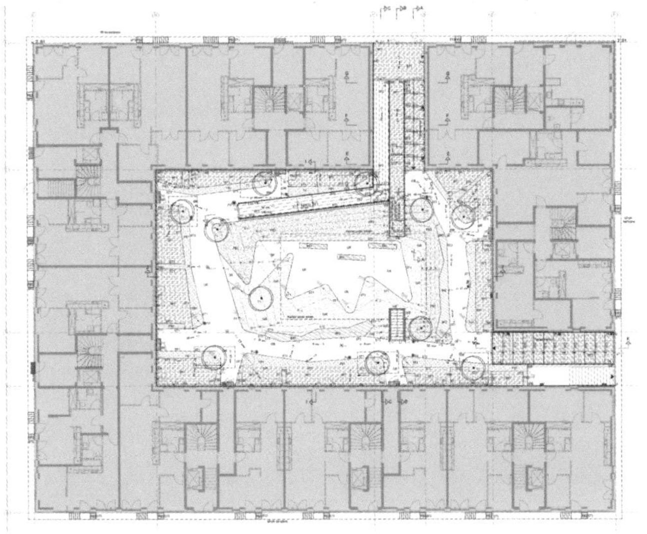

安全的公寓楼

该设计展示了一个住宅区的案例，内部庭院和楼梯入口直对街道。

建筑师：曼戈和纳格尔建筑师事务所

哈默比
斯德哥尔摩

密度提升

建在旧港口和工业区的新城区是斯德哥尔摩密度提升战略的一部分。

哈默比是另一个新的密集型城区的案例，它与大城市的城市密度相吻合。1999 年，斯德哥尔摩采用了新的城市规划战略，不再设立新的郊区。相反，该城市通过在前港口和工业区的基础上进行建设，以此增加斯德哥尔摩的城区面积。哈默比是第一个新城区，也是面积最大的新城区。市政府不遗余力地购买需要的土地和公司，以制定总体规划。

市政府也对新城区抱有很高的期待，他们希望通过一个考虑周全的总体规划，在基础设施和可持续发展方面进行了大量投资，来展示如何实现清洁环境的目标。例如，两条新的公交路线和一条新的有轨电车路线将进入城市，实施一个汽车共享计划、回收家庭垃圾用于集体供暖计划、太阳能供热计划等。可以说，该地区将被设计成一个庞大的基础设施项目，住

宅只是其中的一部分。也许这就是为什么建筑结构是流线型和透明的，在独立建筑的内部庭院之外没有任何视觉封闭的城市空间。

哈默比是斯德哥尔摩南部地区瑟德马尔姆的延伸，新城区从哈默比湖附近发展起来，该地区完全开发后，预计将拥有约 13000 套住房，总人口约为 28000 人。该地区拥有充足的商铺，学校和托儿所正在迅速修建。

哈默比的建筑密度大，建筑物通常为四至六层，周围拥有水和绿地。规划人员曾预计，许多新居民都是中年人，他们在 20 世纪 60 年代的绿色浪潮中离开了这座城市，现在想要搬回去。然而，事实证明，恰恰是年轻的家庭搬进了城市密集的绿色区域，而不是城市周边的住宅，年轻人对新的密集城区赞不绝口。对于老年人来说，虽然他们也有搬回来的想法，但旧城区的文化氛围对他们的吸引力更大。总而言之，这一趋势是城市吸引力和城市能量增加的表现。

城市的海滨步道

在优美的环境中漫步、骑自行车和运动，这变得很容易。

湖面

湖面景色各异，两侧为四到六层的建筑物，带有很多精致的阳台。

休憩空间

在咖啡馆和餐厅的约会地点享受日落。

斯拉斯霍尔曼
哥本哈根

运河城市

斯拉斯霍尔曼是一个水面上的街区，拥有绿色的内部庭院。航拍照片显示的是已完工的第一阶段，运河区将延伸，如下页所示。

哥本哈根南部港口的斯拉斯霍尔曼是该市最好的新城区之一，这是因为建设城市空间和建筑是项目的第一要务，而该要务在很大程度上能够引导和促进总体规划最终的结果。斯拉斯霍尔曼的总体规划由荷兰建筑师斯乔尔德·赛特斯起草，他曾在阿姆斯特丹的人工半岛爪哇岛工作过。

斯拉斯霍尔曼建在八个人工岛上，设计与哥本哈根水上住宅区类似。每个街区都有自己的内部庭院，同时形成与运河直接接壤的街道外墙。水是开发的关键要素，通过桥梁、码头和台阶与水进行接触。许多公寓直接位于运河的两侧，居民可以从小型木质浮桥进入皮划艇。

建筑高五至七层，其设计根据是否面向海港，运河或长廊而有所不同。面对小运河的建筑物只有四层楼高，这些街区的结构框架是统一进行设计

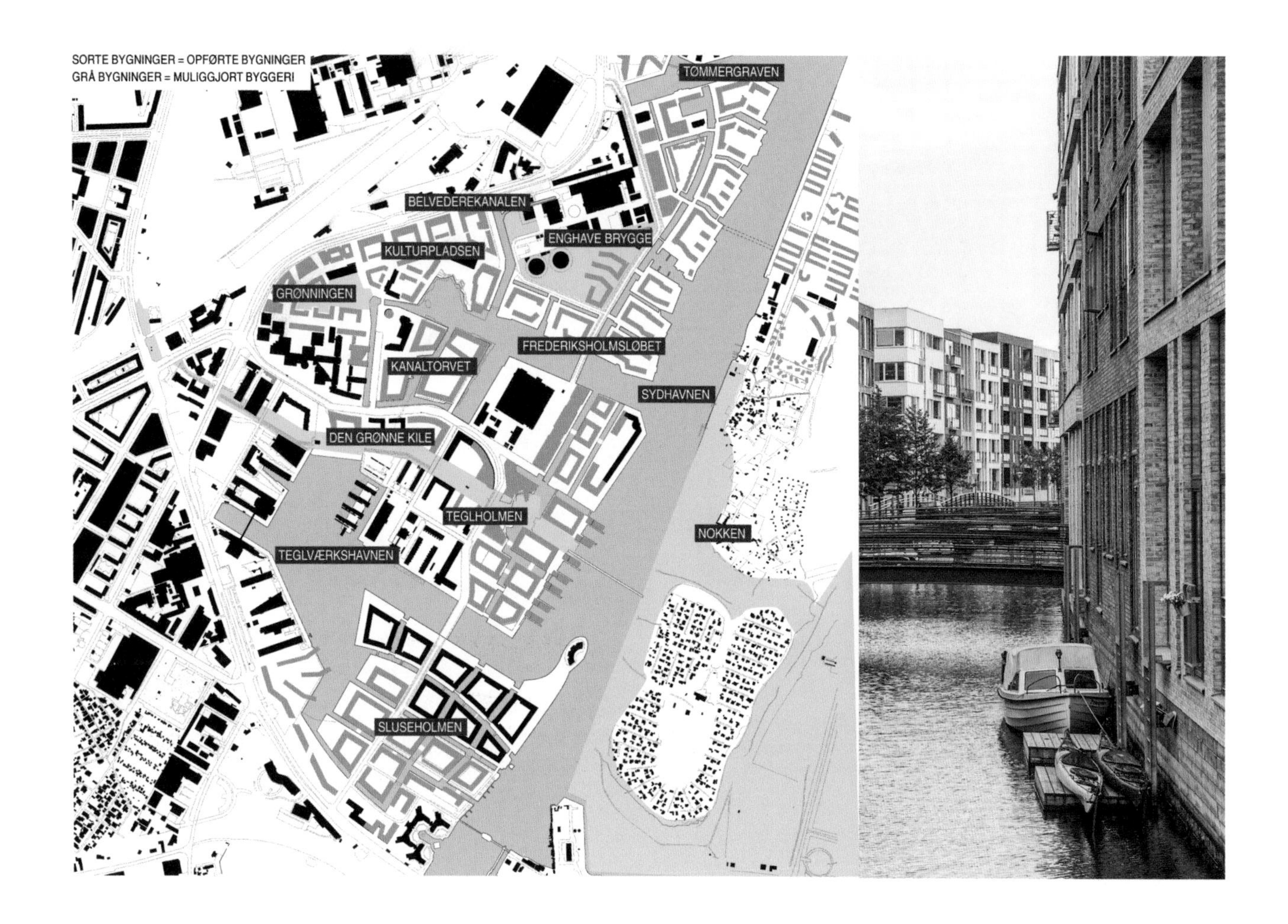

和执行的，每个街区至少有五家建筑公司参与其中，以使每栋建筑的内饰和外墙产生不同的变化。该区域的总体规划规定了许多建筑规则，其中包括每个建筑物的形状、高度、外墙、材料和颜色，以及建筑物与公共空间、桥梁和特殊功能区的连接。

规则旨在确保建筑的整体和谐，同时允许建筑外墙拥有俯瞰公共空间的独立墙面。例如，为了建筑的整体和谐，决定不将阳台像盒子一样悬挂在外墙上，而是将其整合到单个建筑的外墙中。

建筑师斯乔尔德·赛特斯解释了这种规则背后的想法："虽然大多数建筑师都倾向于个人表现，但我们正试图建立一种整体的和谐，我们从几个世纪前的建筑中寻找线索，而当时的人们创造了具有持久品质的建筑。并非所有建筑物都应该是引人注目的。"[72]

新的水上城市区域

在哥本哈根的南部港湾，新桥梁正在与运河区进行连接。

插图：哥本哈根市

海港环境

游艇停泊在码头上。显著的位置是一个受欢迎的游泳区。

和谐的城市空间

该项目的建筑规则导致了高度统一的发展，城市空间的不同特征发挥作用：内部庭院、主运河的弯曲河道、桥梁与水面的汇合。该计划显示了主运河河道和侧运河之间存在角度，限制了远距离视野，有利于对其进行近距离观察。

建筑师：斯乔尔德·赛特斯和阿克提马

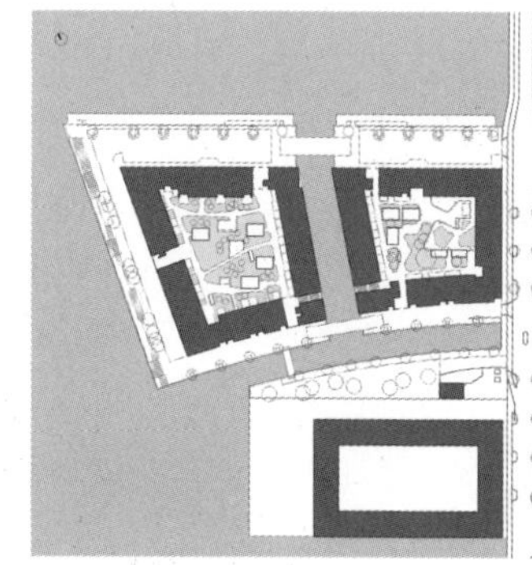

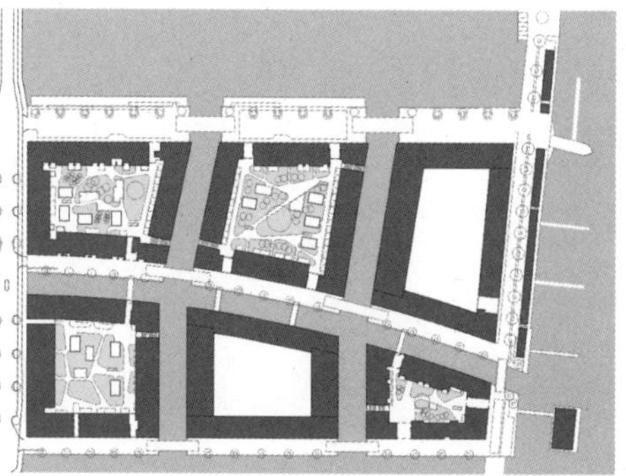

现代主义城区密度提升

从区域角度来看，城市密度提升是城市多年扩张的结果，随之而来的是城市数量、自然和农业地区的损失以及运输成本的上升。城区密度提升有助于保持当地贸易、服务和商业的基础，并减少通勤成本。从地方的角度来看，密度提升是一种工具，可以提高正在扩张和发展地区的城市空间质量。

焦点

- 火车站和其他公共交通枢纽附近区域的密集化
- 建立拥有住宅、商业和服务的综合功能区
- 创造连贯的街道空间和安全的城市空间
- 发展与周边城市的物理整合
- 边缘区域，可在此停留，或与他人接触
- 穿过该地区的道路和小径
- 改善内部户外区域
- 与当地居民就密度的看法和优势进行对话
- 边际住宅区所需的广泛社会举措
- 运用预防犯罪原则

从20世纪50年代开始，按照现代主义的理念修建的郊区，包括独立的住宅区和商业区、交通隔离区、独立式公寓楼和小型当地购物中心，密度提升可以被认为是郊区的修缮工程。如今，当地商店和服务的基础已经缩小，室外区域不鼓励活跃的城市环境。公共和私人服务已经集中化，对汽车的依赖变得更加重要。

密度提升有助于改善城市环境，提高郊区生活质量，同时也可以节省土地用于城市扩张。密度提升的挑战在于，与未开发的土地相比，在开发后的土地上进行密度提升更为复杂。它会涉及更复杂的物权和所有权，在此过程中必须考虑对现有居民和商人的影响。城市的政治家和规划者需要付出更长期的努力。回报是以下形式价值的增加：一个更强大的当地社区，更好的贸易和服务平台，更多的就业机会以及便捷的公共交通、更好的城市环境。

密度提升的条件和机会因城区而异。自建建筑、填充建筑以及为在现有建筑上增加一层额外的楼层，使得中心城区的密度变得越来越大。这种类型的发展是受到市场驱动的，因为城市核心对许多想要居住在城市的人越来越有吸引力。

最具有密度提升潜力是环绕核心城市的地区。它们都是分布广泛的现代主义建筑，没有连接的街道空间，缺乏传统的城市空间品质，这些区域周边住房需求大，满足密度提高的几个要求。

他们拥有由住房协会、合作社和业主协会组成的群体，拥有对大型建

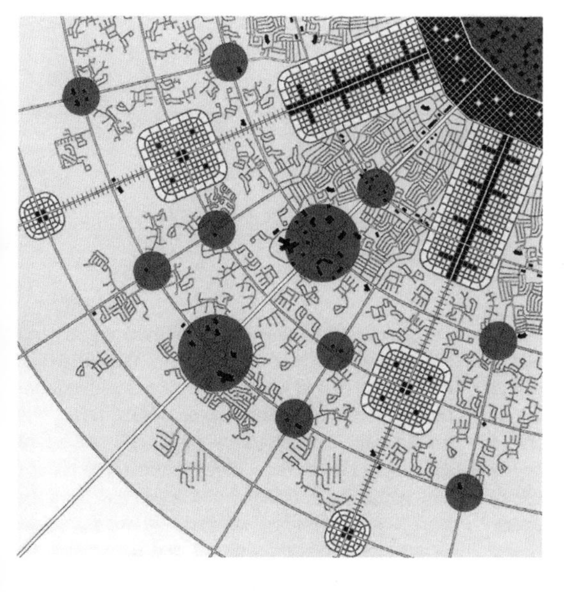

区域角度

密度提升必须强化区域核心的作用，减少对绿地和农业用地的消耗。在对原有住宅、工作场所、涉及集体和个人运输服务的集中度进行区域分析后，确定的一项战略。插图：版权 © DPZ 合伙人[73]

筑配置权，这使得他们对涉及相关建筑的决策过程，比拥有小型独立地块的地区更容易处理。这些区域的建筑通常是四到五层的公寓楼，在这里，新的补充建筑可以创建城市空间和连贯的建筑物及街道。

在某些地区，原有建筑质量差，保暖性差或土地使用强度低，这意味着拆迁或新建成为可能。一个地区的密度越大，将其选定为交通枢纽和区域中心，对改善其城市环境的战略意义也越大。

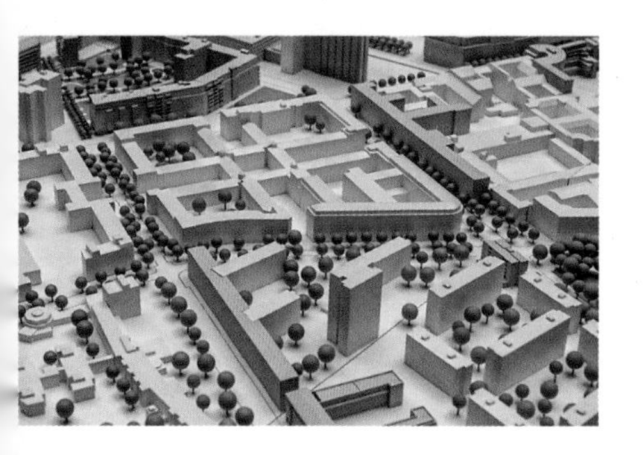

地方角度

建筑的密度提升有助于协助待发展地区重建街道和城市空间。这里是柏林的里特斯特拉斯。

可以采取措施，创建多用途区域，如在住宅区设置商业和服务设施，或者将住宅纳入商业区域。这可以通过建造新的公寓来实现，或者与将现有的商业建筑转换成住宅的方式相结合，这将为当地服务、贸易和就业提供更强大的基础。

从另一个角度看，密度提升可以作为一种工具，在现代主义弥漫的城市地区，用于改善城市生活和户外空间。其目标是创造具有更大安全感的城市空间，对广场和门窗面对的街道空间做出明确定义。

在边缘化地区或贫民区，这样的改善特别引人注目。这些住宅区的大部分建于 1960—1980 年现代化工业发展时期，它们有相似的布局方式，如公寓楼平行排列，由草坪、停车区域和一个小型购物中心隔开。在丹麦，二十分之十七的边缘化住宅区都按照这些原则建造。法国、美国、荷兰、英国和其他地方的大型贫民区都是以同样的风格建造的，可以追溯到现代主义者的 CIAM 计划。这些发展的另一些反复出现的特征：一是与周围社区的隔离，二是有自我反省的特质。

这种类型的开发面临的挑战之一是建筑物没有标准的正面或背面，他们只是景观中的街区或者塔楼。因此，他们缺乏由街道带来的安全感，因为他们没有我们理解的传统城市街道。这些空旷的区域缺乏舒适、安全、令人愉快的休闲场所，因为这里无人居住、人迹罕至，内外的划分有些突兀。没有可供居民安全地停留的边缘地带，边缘地带可以是带有长凳和桌子的小前院，也可以是半私密性质的特定区域，从这里既可以看到他人，也可以被他人看到，然后进行一些交流。如果可以在边缘区和其他汇合点创造一些生活气息，这会有助于给人一种安全感。在许多开发项目中，可以将底层敞开，将楼梯通向室外，在那里可以沿着外墙种植一些植物，使其成为一个小花园。

许多国家意识到创建安全城市的必要，采取主动的措施，增加传统城市的元素。例如，拆除原来的公寓建筑，或者使道路和小径穿过此区域，提升建筑密度，使新建筑的外墙面朝街道。新建筑还可以增加商业和服务，丰富居住区人们的生活。通过这种方式，可以提高传统城市空间的品质，而不需要将它变成传统城市。作为回报，这些区域可以通过新型城市空间进行改造，这些新型的城市空间将邀请不同的人群可以在此安静地停留，也可以在此开展活动，比如走路、健身以及进行体育运动。

显然，更新和行动不能独立进行，最广泛意义上的社会措施是最困难和最重要的。然而，来自欧洲城市的经验[74]表明，为了带来实际变化，需要采取有力的实际行动。这些变化可以丰富该地区的城市生活，给人们带来安全感，将本地区融入城市当中，同时带来一套透明、安全、连贯的街道系统。

以下来自斯德哥尔摩的案例描述了一个地区密度提升战略和一个郊区密度提升规划。哥德堡和哥本哈根的例子显示了现代主义发展中密度提升战术，而里昂和哥本哈根的两个例子显示了密度提升战略。

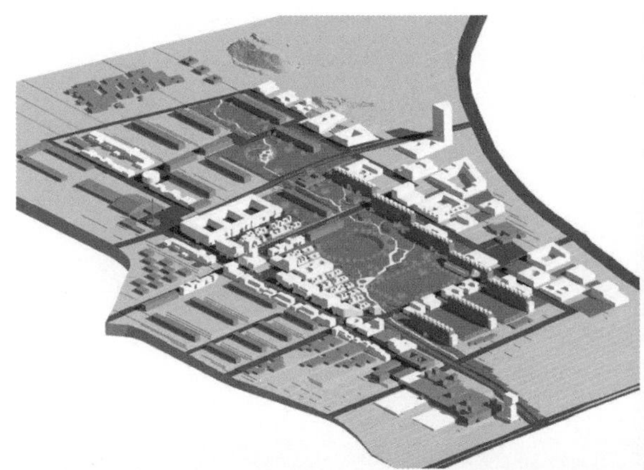

城市密度

上图：拥有不同形式所有权的新商业和住宅建筑，将在这个大型公共住房开发区域，丹麦奥胡斯的盖勒鲁帕肯地区，创建新的城市空间以及开展新的活动。插图：JWH 建筑师事务所

下图：原地区的航拍照片。

城市和公园

关于在哥本哈根北部法鲁姆新建一座密集型建筑的提议，采用不同的街区建筑形式，拥有宽阔的公园景观带。

建筑师：埃菲克特

雅各布伯格
斯德哥尔摩

郊区环境

雅各布伯格郊区具有发展密集城市环境的潜力，这里有住宅、商业和服务，可通往公园和公共交通网络。

作为欧洲发展最快的大都市之一，斯德哥尔摩预计在 2010—2030 年间建造 140000 套新住宅。市政府计划通过增加现有城市区域的密度来适应住房增长，这将增加大量的服务和就业机会，并通过更近的距离和减少通勤来改善城市的生活质量。

市政府的战略是建立一个更密集、更具凝聚力的斯德哥尔摩，名为“步行城市”[75]，有四个关键信息：

1. 继续加强斯德哥尔摩市中心建设，增加与城市核心区接壤的郊区密度。

2. 以具有吸引力的枢纽为目标，在此开发密集的城市环境，包括住宅、商业、服务业和公园，以及接入公共交通网络。

3. 通过更好的基础设施、公共交通，自行车道和步行系统的协调发展，

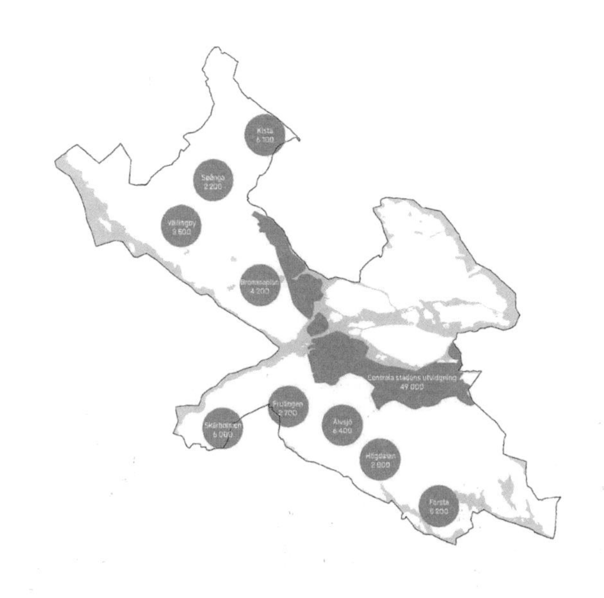

住房潜力

斯德哥尔摩通过增加现有城区的密度，选择郊区枢纽与中央城市核心区相连，扩大居住人口数量的增长。

插图：斯德哥尔摩市

提升建筑密度

上面雅各布伯格的照片显示了一个有塔楼的区域，这里有修建补充建筑的空间。下图是雅各布伯格为增加城区密度而建造新建筑的一个案例，该建筑面向街道。

整合城市的各个部分。

4. 为整个城市营造一个充满活力的城市环境，以满足当地的需求。

因此，斯德哥尔摩发展的起始点，是在现有建筑结构的大区域或小间隙中，更大程度上提升建筑密度。从区域角度来看，创建像哈默比这样全新的密集型城市区域，是该战略的重要组成部分。然而，战略中同样重要但却更为困难的部分，是对现有发展进行改变，这要进行更大的规划，同时需要与居民和其他受到影响的人进行对话。城市转型必须有一个整体原则，旨在建立一个最佳的城市环境。在这方面，市政府必须制定一个具体目标，确定支持当地公共交通和服务所需的新住房的数量。沟通非常重要，提高密度将有助于提高居民的生活质量，更密集的城市环境可以产生更好的公共交通，更多的商铺和服务选择，安全的户外空间和街道，使住房和城市空间之间形成积极的联系。

人们喜欢商铺和服务的便利，然而，当地许多地方的商铺和服务的经济基础正在下降。密集的城市结构为整合和维护当地服务公司提供了最佳机会，密度提升使得居住区更加靠近大型公园，这是城市规划中的一个重

两种提升密度的方法

图片说明了雅各布伯格提升密度的两种不同的方法。一种方法是在建筑完工后，仔细调整附属建筑的面积，这可以增加约 20% 的住宅面积。第二种方法是对建筑进行改变，这意味对建筑进行拆除，和对其物理结构进行改变，这可以增加约 80% 的住宅面积。

插图：城市空间景观

完工　　　　变化

要因素。如第 42 页所述，来自斯德哥尔摩的调查表明，人们愿意为生活在密集、生机勃勃的城市环境支付更多费用。这有助于在区域中心和城市中心提升城市密度，尽管这些地方的规划和建设过程比在未开发的土地上更困难。

两种不同的密度提升方法有所不同。第一种方法需要精细调整，所选择的“间隙”要充分考虑到现有建筑结构。该方法通常导致建筑密度提升 10%–20%。第二种方法涉及拆除和改变该地区的物理结构，这种更具侵入性的方法可以将密度提升 80%–100%，同时改善建筑物之间的城市空间和人们的生活空间。

斯德哥尔摩地区开放的现代化发展中，密度提升机会最大。

未来的密度提升过程将试图实现街区建筑的优势。评估结果表明，街区建筑可以获得最佳的土地利用强度，而塔楼需要更高的高度才能达到相同的密度，而且它们不能提供连贯和安全的街道空间。值得注意的是，街区建筑与复制或大规模建设的老的鹅卵石社区是不同的。

完工

变化

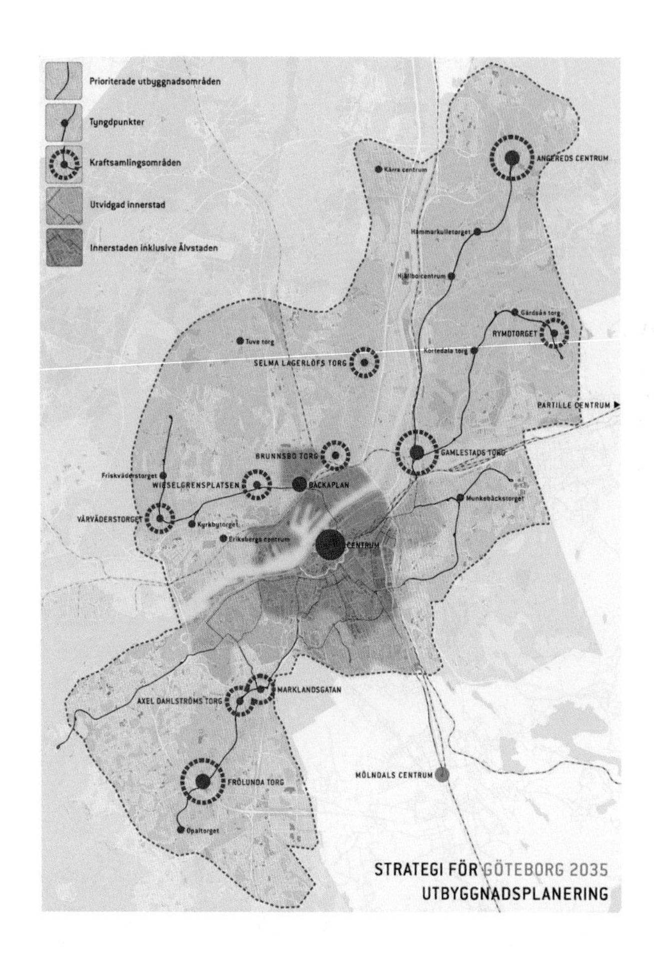

哥德堡 2035

新的低数层、密度高的飞地，将提升 1960—1980 年的城市中心和选定的区域中心的建筑密度。艾普勒特加登就是一个例子。

插图：哥德堡市，城市发展办公室和 WSP 集团

老苹果园
哥德堡

未来几十年，哥德堡将需要许多新的住房和工作场所，该市的战略扩张计划，基于为现有城市地区的增长寻找空间，包括中心城区，特别是在旧中心区周围的环形地带以及现状区域中心附近。

哥德堡的中城建设大约从 1960 年至今，包括精心组合的单户住宅，排屋和大型现代化开发项目，其中高层建筑被绿地和停车场所环绕。该计划通过增加新建筑和城市空间，提高大型现代化开发项目的品质。这将提供更多类型的住房，使人们在生命的不同阶段，都能够住在同一区域。

这些举措将中心和其他场所的翻新及完工相结合，将更具吸引力。当地中心对于该地区的特色非常重要，额外的住房将有助于加强这些中心的基础。该发展计划指出，“哥德堡的城市规划，首先必须提升现有城市区域，

并结合战略规划，布局新建筑。”[76] 在这里，密度提升和强化当地中心被视为同一枚硬币的两面。

新开发的布莱黑文靠近法兰达市中心，这是环形战略中心之一，是哥德堡密集化战略的一个例子。布莱黑文计划与 20 世纪 60 年代的高层建筑一起进行密度提升，周围环绕着大型绿地，包括一个古老的苹果园。新建筑是一栋两层的层数低、密度高的建筑，小型城市空间与该地区其他高层建筑形成鲜明对比。

完工的建筑包括 75 套综合住房，一半租赁和一半业主自住。因此，该建筑也是在同一开发项目中成功整合不同形式所有权的一个很好的案例，而不是将租户和业主隔离开来。

高和低

一个带有两层排屋的飞地作为补充住房选择。

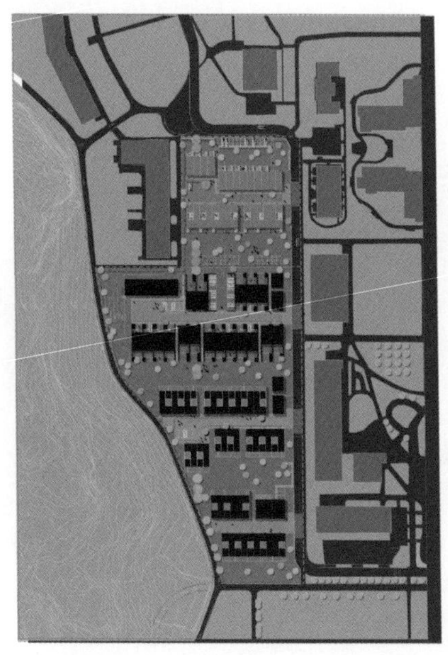

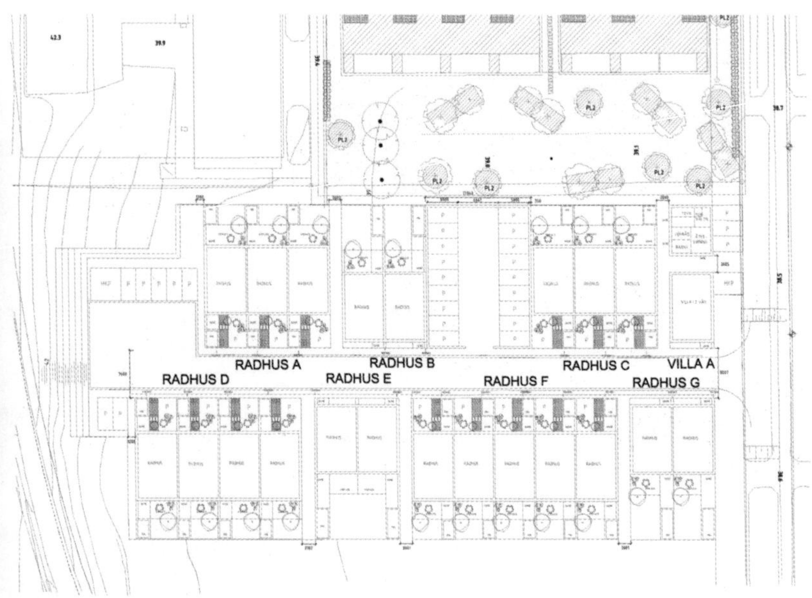

住宅群

在一条小街道周围的 22 排房屋，形成了一个住宅群，为居民和邻居之间的接触提供了一个可预料的、安全的环境。

建筑师：怀特建筑师事务所

住宅街

这条住宅街没有停放汽车，被当成一个广场。

边缘区域

建筑物前面的狭窄边缘区域经常使用，有助于丰富人们的生活，使人与人密切接触。

加登里斯帕肯
哥本哈根

加登里斯帕肯是在哥本哈根的核心区周围更大化密度提升的案例。这是一个从 20 世纪 60 年代建造的大型房屋开发项目，有大型绿地的四层楼建筑。该开发项目由一个大型住房合作社拥有，希望开展一项重大项目，其中包括改造现有的公寓楼以及通过采用新功能，提升更多的物理密度。

由于混凝土外墙已经磨损，且漏水的门窗不能满足当前的能源需求，因此需要对建筑进行翻新。作为改造的一部分，80 个小公寓被改建为更大的家庭套房，以吸引具有强大社会背景和富有的新居民。建筑质量是改造的重中之重，新的灯光外墙和玻璃屏阳台设计，尊重了原有的建筑结构。

密集的建筑物被放置在街区之间，形成了新的、有用的小规模的户外空间。东部设有一个拥有高级住房的老年活动中心，西部设有儿童日托中

翻新和密度

建于 20 世纪 60 年代的旧房屋经过了翻新，通过调整，增加了建筑物的密度，优化了土地使用强度，节省了项目经费。

从开放的空间到变化的空间

新建的养老院看上去似乎蜿蜒穿过自己的内部庭院。这些密度提升的建筑不再属于大型风力发电区，而是新老居民有限且实用的户外空间。建筑师：埃格内斯特·范德昆斯滕

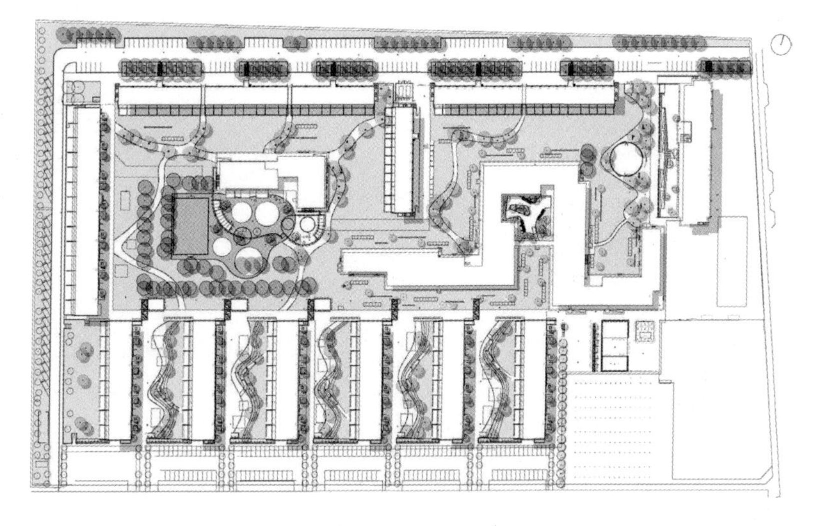

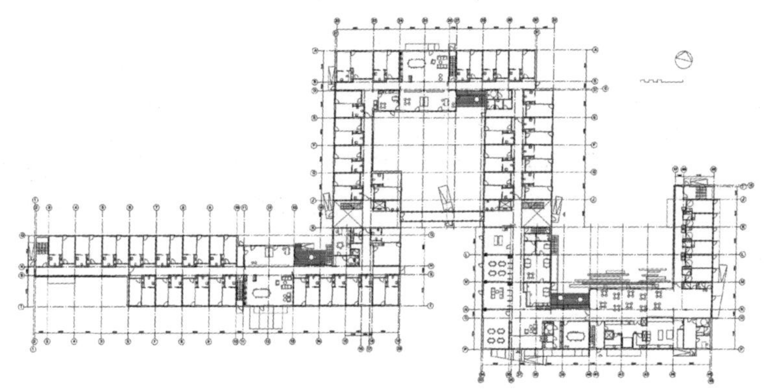

心。原来带有旧养老院的街区被改建成一个三层儿童中心，其中包括日托中心、课后设施、青年设施、绿色游乐场和屋顶花园。两层高密度的建筑物采用简单的黑色外墙，与浅色街区形成鲜明对比。作为一个同时进行的项目，开展了一项名为“变革与伙伴关系”的总体社会计划。该倡议的目标是确保在改造期间不会边缘化居民，并在项目完成时，建立新的活动和社会网络，以增进社区生活。在项目完成后，人们越来越有兴趣搬到该地区，就像居民开展共同活动进行登记一样。加登里斯帕肯是建筑密度提升中一个鼓舞人心的例子，它为 20 世纪 60 年代的单功能开发增加了新的功能。

新建筑

浅色的 4 层楼房经过翻修，尊重了原有的建筑风格，与一栋两层的高密度建筑物进行优雅的对比。

新外墙

隔热外墙和新的窗户图案使住宅区焕然一新。

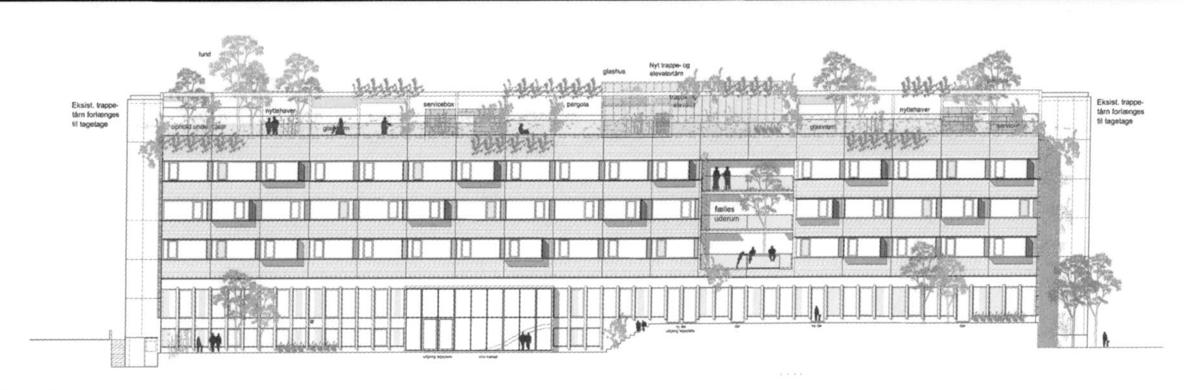

绿色元素

街区之间的美丽花园空间得到了进一步改善，最北端的街区变成了儿童机构和屋顶花园。

建筑师：埃格内斯特·范德昆斯滕

沃昂夫兰
里昂

物理变化

层数低、密度高的新建筑，前方和后方清晰明了，提高了安全性。

沃昂夫兰地区是法国东部里昂郊区的一个自治市，拥有约 40000 名居民。1969—1978 年间，一个大型城区建成，第一个区域内的大型公寓楼约有 8000 套住房，第二个区域有一个大型购物中心，第三个区域有学校和市政府等公共设施。因此，根据现代主义建筑的原则，该地区是按照功能分开发展的教科书般的范例，其中 60% 的公寓是公共住房。

20 世纪 70 年代中期，法国降低了对公共住房的优先权，结果导致高中和游泳馆等公共设施从未在沃昂夫兰地区建造。在 20 世纪 90 年代初，该地区成为严重骚乱的温床，被称为“暴力民族聚居区”。这是法国几个郊区广泛骚乱的开始，如今偶尔也会爆发。

法国政府开展了各种社会计划，试图阻止动乱。然而，从 2000 年开始，

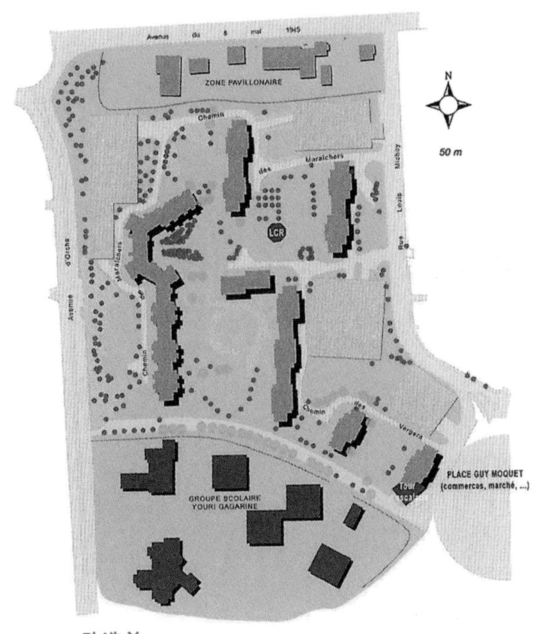

改造前

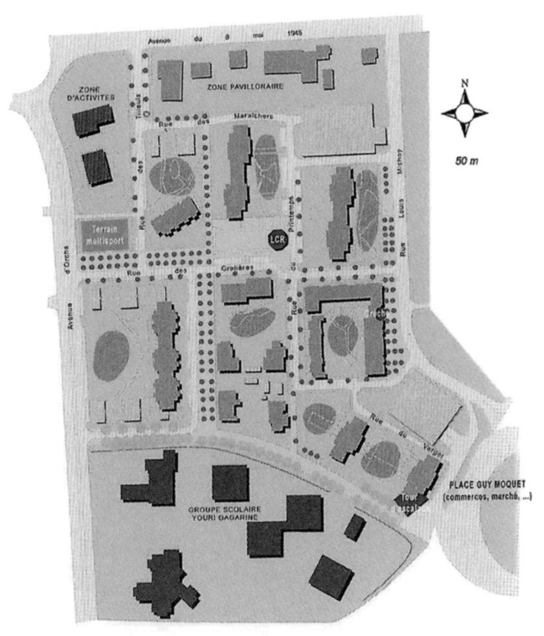

改造后

从高层到低层高密度

该计划显示的是莱斯格鲁利埃，从 1997—2008 年间，第一个经过改造的地区。几座高大建筑和一个车库被拆除，新建了街道，新的低层高密度建筑物与本地区其他建筑很协调。此外还有：新的儿童机构和其他社会公益项目。[77]

该战略发生了变化，确认除了社会措施外，还需要在这些边缘化住房地区采取积极的措施。这项战略被称为“大城市项目”，标志着现代主义建筑的决定性突破。

在沃昂夫兰地区，一些公寓楼被夷为平地，通过修建道路将该地区划分为几个街区。因此，原有的建筑和新的建筑物被分成了前面后面。前面朝向街道，成为街道的心灵之窗，而后面则与普通的绿色庭院相邻，供居民使用。

该区先前已与里昂其他地区隔离开来。它被主要道路环绕，但没有一条道路能够进入该地区，因此该地区与其他地区缺乏联系和流通。如今，新步行街道开辟了这一地区，就像新公园、城市广场和游乐场改善了室外空间一样。该计划还在一楼增加了许多商业和服务公司，以及公共机构，改变了该地区的功能单一的问题。最后，前购物中心被传统的法国风格购物街所取代。总而言之，该地区充满生机、活力和氛围。

沃昂夫兰改造工程是法国最常用于边缘化住宅区改造战略的一个很好的例子，即城市密集化。在一个新的街道系统周围，低层建筑作为街区的主要特色，取代高层建筑。住房单元的数量保持不变，但层数低、密度高的建筑由于底层活动空间较小，加强了城市生活的安全性。

密度提升过程

根据莱斯戈洛利埃变化的积极经验，转换过程在本区域其他地方继续进行。如图所示，高大的街区建筑和新建筑之间的对比具有戏剧性。

厄尔邦普兰
哥本哈根

厄尔邦普兰建于20世纪70年代，是一个拥有统一的四层公寓楼的大型住宅区。作为一个封闭区域，它在建筑和交通方面与城市其他地区隔离，这是一个商业和服务设施较落后的单功能区，该地区较为封闭，所有建筑物都与外界隔离。多年来，贫困家庭搬进来，有条件的人都搬出去了，形成了恶性循环。到了20世纪90年代，该地区已成为哥本哈根最孤立的贫民窟之一。尽管在后来的几年里，政府花费大量资金用于现代化改造和外墙翻新，但建筑物之间仍然缺乏活力。这是当前项目的背景，旨在改变内部环境，并将其与周围环境紧密相连。

破旧的中心

在航拍照片和规划中展示的破旧的中心，它将被夷为平地并被新的建筑所取代。

该项目涉及对破旧的购物中心进行拆除，多年来，该购物中心空无一人，成为一个被房屋包围的死角。该中心将被新的青年公寓和家庭公寓所

取代，以吸引新的居民和群体。新建筑物前是一个院子，建筑物与院子共同形成街道空间和边缘区域。行人和自行车道将贯穿该区域，带来了人流量，同时安全也得到了保障。当地的图书馆将进行翻新，朝广场开放，这里将变成一个宜人的城市空间，有树木、长椅和良好的照明条件。此外，根据规划，该区域将得到进一步扩展，使得车辆可以正常进出。

该规划与上一个例子中里昂附近的沃昂夫兰地区相同，即城市密集化和透明化与正在推行的社会措施互相协调。与沃昂夫兰地区一样，在厄尔邦普兰，该地区积极融入城市中将是一个漫长而艰难的道路。

新建筑和边缘区

新开发项目包含内部绿色庭院，以及街道空间，就经典城市中的设计一样。

建筑师：PLH 建筑师事务所，普里姆斯建筑师事务所和麻苏设计院

街区原则

新开发项目包含内部绿色庭院，以及街道空间，与经典城市中的设计一样。

建筑师：PLH 建筑师事务所，普里姆斯建筑师事务所和麻苏设计院

KBH

注释

1. Richard Sennet, Øjets vidnesbyrd, side 196, Samleren 1996. (The Conscience of the Eye, 1990)
2. Jorge F. Hardoy, Cartografia urbana colonial de Americana Latina y el Caribe, 1991.
3. Georg Braun & Franz Hogenberg, Civitates Orbis Terrarum, Cities of the World, Taschen, 2011.
4. Michael Webb, The City Square, side 33, Thames and Hudson Ltd. London 1990.
5. Charles B. Rice, Proceedings at the Celebration of the Two Hundred Anniversary of the first Parish at Salem Village, u.forlag, Boston 1874.
6. Camillo Sitte, Stadsbyggnad och dess konstnärliga grundsatser – et bidrag til løsningen af dagens frågor rörande arkitektur og monumental skulptur med særlig syftning på Wien, Stockholm, Arkitektur Förlag AB 1982. Oprindelig udgivet på tysk: Camillo Sitte, Der städtebau – nach seinen künstlerischen grundsätzen, Wien, Verlag von Carl Graeser 1909.
7. Architekturmuseum der TU Berlin Inv. Nr. 20563.
8. Wagner, Otto, *Die Groszstadt. Eine Studie über diese.* Schroll-Verlag, Wien 1911.
9. Howard, Ebenezer, *Garden Cities of Tomorrow*, London 1902 (Reprint Faber & Faber 1946), Deutsch: Posener, Julius (Hrsg.), *Ebenezer Howard. Gartenstädte von morgen. Das Buch und seine Geschichte.* Bauwelt Fundamente Band 21, Ullstein, Berlin Frankfurt/M. Wien 1968.
10. F.L.C./ ADAGP, Paris 2016/copydanbilleder.dk
11. Le Corbusier, *La Ville radieuse*. Editions de l'Architecture d'Aujourd'hui, Bologne-sur-Seine 1935.
12. *Charte d'Athènes.* IV Congrès International d'Architecture Moderne, 1933, Deutsch: Die Charta von Athen, 1962.
13. Jane Jacobs, The Death and Life of Great American Cities, New York, Random House 1961.
14. Steen Eiler Rasmussen, Om at opleve arkitektur, G.E.C.Gads forlag, København 1957. / Experiencing Architecture, John Wiley and Sons, New York, 1959, MIT Press, Cambridge,Mass., 1959.
15. Gordon Cullen, Townscape, Architectural Press, London, 1986.
16. Kevin Lynch, The Image of the City, MIT Press, Cambridge Mass., 1960.
17. Jan Gehl og Birgitte Svarre, Bylivsstudier, Bogværket, København, 2013.
18. Ivor de Wolfe, The Italian Townscape, The Architectural Press, London, 1963.
19. Peter Davey, The Legacy of Townscape, Architectural Review, oktober 2011, side 31-2.
20. Christoffer Alexander, A Pattern Language, Oxford University Press, 1977.
21. Christoffer Alexander, A city is not a tree, Architectural Forum, New York 1965.
22. Jan Gehl, Livet mellem husene, Arkitektens Forlag, København 1971. På engelsk; Life between Buildings, New York, Van Nostrand 1987.
23. Jan Gehl, Byer for mennesker, Bogværket, København, 2010. / Cities for People, Island Press, 2010.
24. Aldo Rossi, Architectura della Citta.
25. Leon krier, Rational Architecture, Archives d Árchitecture Moderne, Brussels, 1978.
26. Rob krier, Urban Space, 1979.
27. Colin Rowe og Fred Koetter, Collage City, Birkhäuser Verlag, 1984.
28. Europäisches Denkmalschutzjahr des Europarats 1975, Motto: „Eine Zukunft für unsere Vergangenheit".
29. Senator für Bau- und Wohnungswesen(Hg.)/Zwoch, Felix: Idee, Prozess, Ergebnis. Die Reparatur und Rekonstruktion der Stadt, Berlin 1984.
30. Internationale Bauausstellung, Berlin 1987, Project Report, Berlin, 1991.
31. Michael Sorkin, Variations on a Theme Park, Hill and Wang, New York, 1992, page xv.
32. *Charta des New Urbanism*, Deutsche Übers. Harald Kegler in Zusammenarbeit mit Harald Bodenschatz und Rank Roost, 1998, Copyright 2001 by Congress for the New Urbanism.
33. Søjlediagram: Nilsson, KSB, Pauleit, S, Bell, Aalbers, C & Nielsen, TAS (eds) 2013, Peri-urban futures: Scenarios and models for land use change in Europe. Springer Publishing Company.
34. European Commission, 24.10.2012.
35. Juhani Pallasmaa, forord side 15, Om bygningskulturens transformation, Christoffer Harlang m.fl., Gekko publishing, 2015.
36. Interview ved Magda Anglès og Judit Carea, Madrid 2010.
37. L. Martin og L. March, Urban Space and Structures, Cambridge University Press, 1972.
38. Ernst May, Das Neue Frankfurt, 1930.

39. Spacescape og Evidens, Stockholm, 2011.
40. Meta Berghauser Pont & Per Haupt, Spacematrix - Space,Density and Urban Form, NAi Publishers, Rotterdam, 2010.
41. Ibid.
42. Christian Cold m.fl., Entasis 1996-2015, vol. 2, Hatje Cantz Verlag, 2015.
43. Legeby A. 2010, Urban segregation and urban form, licentiatafhandling KTH.
44. Ewing & Cervero, 2010 Travel and Built Environment : A metaanalysis, Journal of the American Planning Association, 76:3:2010.
45. Det kriminalpræventive Råd og Trygfonden.
46. Ressourceforbrug, figure, DAC, Bertaud and Richardson, 2004.
47. Urban density Study, Southbank Structure Plan, 2010.
48. Miljø- og Energiministeriet, Skov- og Naturstyrelsen, SAVE Vejledning, 1997, København. / Ministry of Environment and Energy. The National Forest and Nature Agency, InterSAVE: International Survey of Architectural Values in the Environment, 1995.
49. Miljøministeriet, Planstyrelsen, 1992. Byens træk, Om by- og bygningsbevaringssystemet SAVE.
50. Karsten Pålsson's Tegnestue, X-tension - tilbygningssystem til bygningsrenovering, Erhvervs- og Boligstyrelsen, 2003.
51. Karsten Pålsson's Tegnestue, Den hele karre - Lauritz Sørensens Gård Frederiksberg, Erhvervs- og Boligstyrelsen, 2004.
52. Departement für Stadtentwicklung, Berlin, 2015.
53. Bremer Alf u.a., Kreutzberg Chamissoplatz, Geschichte eines Berliner Sanierungsgebietes, Berlin 2007.
54. Ajuntament de Barcelona, Barcelona, Transformación - Planes y Proyectos, 2008.
55 Norberg-Schulz, C., Genius Loci, Towards a Phenomenology of Architecture, rizzoli, new york, 1980.
56. Karsten Pålsson og SBS Byfornyelse, Infill byggeri - et led i byens fornyelse, Boligministeriet, 1994.
57. Modiano, Patrick, *Ruinenblüten.* Übers. aus dem Franz. Andrea Spingler, Suhrkamp Verlag, Berlin 2000.
58. Juhani Pallasmaa, Arkitekturen og sanserne, side 55, Arkitektens Forlag, København 2014.
59. Richard Florida, The rise of the creative class, basic Books 2002 (Revisited 2012).
60. Behörde für Stadtentwicklung und Umwelt, Hamburg, Kreative Milieus und offene Räume in Hamburg, 2010.
61. Keiding, Martin (Red.), Transformation- 22 nye danske projekter, Arkitektens Forlag, 2011.
62. J.P. Kleihues, IBA - Internationale Bauausstellung Berlin `84`87, Projektübersicht, September 1984, side 9.
63. Senatsverwaltung für Stadtentwicklung und Umwelt, Planwerk Innenstadt Berlin 1999.
64. Harald Bodenschatz, Städtebau in Berlin - Schreckbild und Vorbild für Europa, DOM publishers, Berlin, 2010.
65. Hans Stimmann, Townhouses Berlin, DOM publishers, Berlin, 2011.
66. Francesco Careri, Walkscapes - El andar como práctica estética, Gustavo Gili, 2 udgave,Barcelona, 2014.
67. Skov-Petersen og Nielsen, 2014.
68. Ajuntament de Barcelona, Barcelona, Transformación - Planes y Proyectos, 2008.
69. Hajer & Reijndorp, In search of new public domain, Nai Publishers, Rotterdam 2001.
70. Miljøministeriet, Landsplandirektiv om beliggenheden af bymidter, bydelscentre og aflastningsområder mv. til detailhandel i hovedstadsområdet, København 2008.
71. Juhani Pallasmaa, Arkitekturen og sanserne, Arkitektens Forlag, København 2014.
72. Dansk Arkitekturcenter. Copenhagen Galleri. Case Sluseholmen.
73. Galina Tachieva, The sprawl repair Method, Island Press, 2010.
74. Niels Bjørn m.fl., Arkitektur der forandrer - fra ghetto til velfungerende byområde, Gads Forlag, 2008.
75. Stockholm Stad, Promenadstaden - Översigtsplan för Stockholm, 2012.
76. Göteborg Stad, Strategi för Utbygnadsplanering, dec.2013.
77. Vaulx-en-Velin, Grand projet de ville, Revue de projets par quartiers, 2012.

译后记

2018 年底一次偶然机遇，我们发现了这本融合经典城市规划理论与实践的著作，本书以“人本城市”为初心，融合了规划、建筑、景观等多专业视角，浓缩了经典规划理论，列举了众多类型的社区及公共空间的改造案例。对我国现阶段深入开展的“老旧小区改造”工作有较大的借鉴意义，是国内少有的关于城市更新的案例型著作。基于以上思考，译者通过反复推敲和资料查阅，共同完成了本书的翻译工作，由于语言差异和专业认知的不同，书中内容难免存在纰漏，也请读者不吝指出。

本书译者共五人，魏巍、赵书艺、王忠杰的工作单位是中国城市规划设计研究院风景分院，冯晶是中规院（北京）规划设计有限公司的规划师，岳超现就职于北京清华同衡规划设计研究院。在本书翻译工作中，我们分工如下：本书正文部分共分十章，魏巍与冯晶共同完成前五章及前言、历史概述、人本城市三章的翻译工作，赵书艺与岳超共同完成后五章的翻译工作，王忠杰负责全书的校核、审定全书重要术语、并统一翻译用语。

在翻译工作中，我们得到中规院和风景分院的领导同事的诸多帮助，感谢马克尼、王斌、邓武功、梁庄、闫明、崔溶芯等人的帮助，在此一并表示感谢！感谢给予平凡规划师无限支持与理解的亲友。